하마터면 지리도 모르고 세계여행할 뻔했다

Z세대 예비 배낭여행객을 위한 ✈ 세계 도시 인문지리 이야기

강이석 지음

북트리거

하마터면 모르고 떠날 뻔했다

여러분은 여행이라는 단어를 들으면 무엇이 떠오르나요? 야생동물이 뛰노는 세렝게티 초원, 세계의 지붕이라 불리는 히말라야산맥, 그리고 누구나 한 번쯤은 꿈꾸는 지중해의 푸른 바다처럼 이색적인 자연경관이 먼저 떠오르는 사람도 있을 거예요. 하지만 지루한 일상을 벗어나 즐기는 왁자지껄한 축제, 입맛을 자극하는 다채로운 음식들, 그리고 에펠탑과 자유의여신상 같은 랜드마크를 먼저 떠올리는 사람도 있죠. 물론 광활한 자연으로 떠나는 여행도 멋진 추억이 되지만, 저는 개인적으로 현지 사람들과 만나 어울리고 그곳의 문화를 직접 경험하는 그런 여행을 더 좋아합니다.

오래전부터 도시는 사람과 문화의 중심지였어요. 우리가 '세계 4대 문명'이라 부르는 메소포타미아, 이집트, 인더스, 황하 문명도 전부 고대에 형성된 도시를 출발점으로 보고 있죠. 지리적으로 유리한 위치에 자연스레 사람들이 모이면서 도시가 형성되고, 이후 점점 더 많은 사람이 유입되어 새로운 문화가 탄생하면서 문명이 시작된 거예요. 그 뒤로도 도시는 쭉 인류의 역사와 생사고락을 함께해 왔어요. 통계에 따르면 2024년 현재는 전 세계 인구의 절반을 넘는 55퍼센트 정도가 도시에 살고 있고, 그 비율이 계속해서 증가하고 있습니다. 이처럼 많은 사람들이 모여 살고 있는 도시에 다채로운 문화가 피어나는 것은 어찌 보면 당연한 것이겠죠.

게다가 도시라고 해서 자연을 찾아볼 수 없는 것도 아니랍니다. 사실 초원과 산맥, 바다만큼 도시도 그 배경이 되는 자연환경과 밀접한 연관을 맺고 있어요. 우선 세계의 도시는 어디에 위치해 있느냐에 따라 계절과 기후가 천차만별입니다. 도시의 위치 자체가 하나의 자연현상이라고 할 수 있죠. 예를 들어, 북반구에 위치한 서울이 겨울일 때 남반구에 위치한 멜버른은 여름입니다. 적도 근처에 위치한 호놀룰루는 1년 내내 덥지만, 대서양 서쪽에 위치한 런던은 언제나 서늘하고요.

이러한 자연환경의 차이가 특색 있는 문화로 나타나기도 합니다. 해발고도가 높은 지역에 위치한 도시에는 서늘한 기후 덕분에 과거부터 많은 사람들이 살았는데요, 그런 점이 가장 뚜렷하게 드러나는 곳이 중남부 아메리카예요. 대표적으로 페루의 마추픽추가 고대의 고산도시로 유명하고, 멕시코, 에콰도르, 볼리비아 등은 수도가 고산기후에 해당하죠.

세계여행을 할 때 목적지를 나라 이름으로 말하기보다는 도시 이름으로 말하는 경우가 많습니다. "이번 여름에 미국 여행 가."라고 말하기도 하지만, "미국 뉴욕으로 여행을 가."라고 말하는 경우가 더 많은 것처럼요. 사실 당연한 이야기예요. 대한민국 서울과 부산이 완전히 다른 도시인 것처럼 미국도 시애틀과 뉴욕은 완전히 다른 곳이니까요. 그래서 어떻게 보면 세계여행을 한다는 것은 세계의 다양한 도시들을 찾아다니는 일이라고 할 수 있습니다.

세계의 여러 도시들을 여행하다 보니 서로 비슷한 점도 찾을 수 있었지만, 저마다 뚜렷한 개성과 다채로운 매력을 경험할 수 있었어요. 그렇게 직접 경험한 다양한 도시들을 이 책에서는 비슷한 주제별로 묶어 보았어요. 1부 '같은 나라인데 달라!'에서는 주류와 다른 독특한 매력을 지닌 도시들에 대해 알아보았고, 2부 '여긴 근본이지~'에서는 각기 다른 기준에서 중심에 해당하는 도시들을 묶어 보았습니다. 3부 '진짜 여기서 살고 싶다…'에서는 말 그대로 살기 좋은 도시들로 떠나 보았고, 마지막 4부 '오히려 좋을지도?'에서는 저마다의 이유로 발전과 쇠퇴를 겪는 도시들에 대해 살펴보았습니다.

　사실 여행에 정답이란 없어요. 느긋한 휴양지에서 푹 쉬는 여행을 선호할 수도 있고, 복잡한 도시를 바쁘게 돌아다니는 여행을 즐길 수도 있죠. 하지만 언젠가 직접 여행을 다니다 문득 '이곳 사람들은 왜 이 음식을 먹을까?'라든지 '이 도시는 왜 저 도시와 사이가 좋지 않을까?' 혹은 '여기는 날씨가 왜 이렇게 덥지?'와 같은 의문이 들 때, 지금부터 저와 함께 여행할 열여섯 개의 도시들이 떠올랐으면 좋겠습니다. 세계의 어떤 곳에서 어떤 여행을 하든 그 도시에 대해 제대로 알고 떠난다면 훨씬 더 풍요로운 여행이 될 수 있으니까요. 자, 그럼 저와 함께 떠날 준비 되셨나요?

2024년 8월

강이석

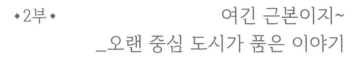

◆2부◆

여긴 근본이지~
_오랜 중심 도시가 품은 이야기

◆3부◆

진짜 여기서 살고 싶다…
_살기 좋은 도시의 비밀

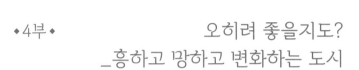

◆4부◆

오히려 좋을지도?
_흥하고 망하고 변화하는 도시

◆ 이 책을 보는 법 ◆

장 도입부의 **QR 코드**를 찍으면 본문에 등장하는
장소들을 구글 지도로 확인할 수 있어요.

도시가 속한 국가의 수도, 인근 국가 등을
상세 지도로 확인할 수 있어요.

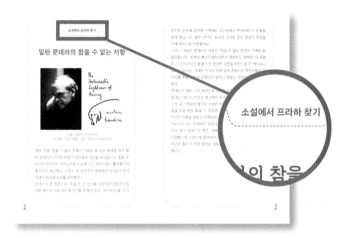

**예술 작품이나 각종 매체에 등장하는 도시,
그와 연관된 흥미로운 이야깃거리를 담았어요.**

**각 부에 소개된 도시들을 곱씹으면서
교과 관련 키워드를 짚어 볼 수 있어요.**

1부

같은
나라인데
달라!

편입의 역사가 빚어낸 도시

'은둔의 왕국'에 밀려드는 변화의 물결

Lhasa

도착지   라싸

국가	중국 (티베트 자치구)
면적	525km²
해발고도	3,656m
인구	약 46만 명
특징	티베트인들의 순례지
	고산병 주의

3,418km
Seoul — Lhasa

티베트라는 지역을 알고 있나요? 세계사나 세계 지리 혹은 국제 정세에 관심이 많은 친구들에게는 낯설지 않은 이름일 거예요. 중국에 속해 있지만, 이곳 사람들은 중국으로부터 독립을 주장하며 국제사회에 계속 목소리를 내고 있기 때문이죠. 그렇기에 티베트의 중심 도시 라싸는 중국의 뜨거운 감자와도 같습니다. 독립과 합병, 개발과 전통이라는 가치가 충돌하며 도시의 모습이 시시각각 바뀌고 있죠. 그 변화를 직접 확인하고픈 마음에 저는 라싸로 향했답니다.

다사다난한 여행 준비,
다사다난한 티베트 역사

여행을 많이 다니기로 유명했던 저는 주변 사람들에게 가장 기억에 남는 여행지가 어디냐는 질문을 자주 들었어요. 그때마다 대학생 시절 방문한 티베트라고 답하곤 했죠. 그 당시 티베트는 중국 자국민이 아닌 외국인이 방문하기 힘든 지역이었어요. 공식 가이드와 허가증 없이 돌아다니기엔 위험하다는 평이 잇따랐죠. 공부를 위해 티베트 여행을 결심한 저에게 자연스럽게 두 가지 선택지가 따라왔어요. 가이드와 함께해 안전하지만 갈 수 있는 곳이 제한적인 여행, 가이드가 없어 위험하지만 자유로운 여행 말이에요. 고민 끝에 저는 후자를 선택했어요. 티베트 곳곳을 자유롭게 누비며 도시를 깊이 알고픈 마음이 두려움을 이겼죠. 그렇게 기대 반 걱정 반으로 티베트 여행을 준비했습니다.

티베트 자치구의 면적은 122만 8,400제곱킬로미터입니다. 우리나라의 열두 배에 달하는데 대부분이 고원 지형이에요. 넓은 면적에 비해 인구는 그리 많지 않은데요, 300만 명 정도로 부산광역시의 인구수와 비슷합니다. 사람이 많이 살지도 않고, 고도가 높고 험준해 개발하기 힘들지만 중국 정부는 이곳을 매우 가치있게 여겨요. 강대국 인도와 국경을 접하는 지역이라서 매우 중요한 군사 요충지거든요. 지하자원이 무궁무진하게 매장돼 있고, 양쯔강 등 중국 본토로 흐르는 하천의 발원지이기도 해 경제적으로도 무척 중요하죠.

티베트라는 이름이 붙게 된 건 중국 청나라 때예요. 이전에는 토번 혹은 토번왕국으로 불렸죠. 티베트는 오랫동안 독립국가로 존재했어요. 지형 조건 때문에 다른 민족이나 국가가 쉽게 침입하기 어려웠거든요. 이 덕분에 티베트 불교로 대표되는 독자적인 종교와 생활 방식을 오랜 세월 유지할 수 있었죠.

하지만 1949년 청나라 멸망 후 들어선 중국공산당 정부가 이듬해인 1950년 영토의 소유권을 주장하며 이곳에 군대를 주둔시키면서 상황은 완전히 뒤바뀝니다. 티베트인들은 완강히 저항했

Lhasa

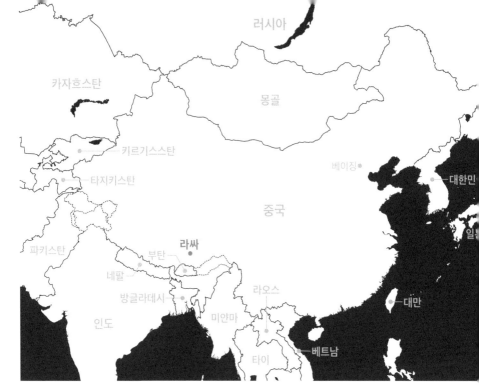

라싸는 네팔, 인도, 부탄 등과 인접한 중국 서남부에 위치해 있다.
점선 구역은 파키스탄, 인도와 중국 사이의 영토 분쟁 지역이다.

지만, 결국 1951년 중국에 합병됐죠. 중국공산당 정부와 영토의 자치권을 보장받는 협정을 체결한 거예요. 이후 티베트는 중국에 완전히 귀속돼 시짱 자치구라는 새로운 이름을 갖게 됐고요. 정식 행정 명칭은 시짱 자치구지만, 많은 사람들이 아직도 이곳을 티베트라고 일컬어요.

중국에 귀속된 이후에도 많은 티베트인들이 합병의 불공정함을 내세우며 독립을 외쳤어요. 지금도 그 목소리는 사그라들지

티베트(시짱) 자치구를 포함한 전체 티베트 문명권. 빗금 구역은
중국이 티베트 자치구의 일부로 주장하는 인도 영토이다.

않고 있고요. 티베트 불교의 지도자이자 국가 원수인 달라이 라
마 또한 망명 생활을 이어 가며 세계 곳곳에서 티베트 독립을 주
장하고 있답니다. 중국 정부는 이런 움직임을 억제하기 위해 군
대를 상주시키는 동시에 티베트를 중국에 동화시키려는 중국화
계획을 시행하고 있어요.

Lhasa

중국의 서부 개발, 라싸를 관통하다

중국은 1978년 개혁개방 정책을 시작한 이후 30년 동안 빠르게 성장했어요. 하지만 동부 해안가의 대도시 위주로 경제개발이 진행됐기 때문에 동부 해안과 서부 내륙 사이의 경제적·문화적 격차가 발생했죠. 이를 해결하기 위해 중국 정부는 제2의 개혁개방 정책이라고 할 수 있는 서부 개발을 추진합니다. 소수민족이 밀집돼 있는 서부 지역을 개발해 경제적 불균형을 해소하는 동시에 정치적인 안정을 이루고자 한 거예요. 그런 목적으로 만들어진 것이 바로 칭짱 철도예요. 칭짱 철도는 중국 서부의 칭하이 성 시닝과 시짱 자치구 라싸를 잇는 철도 노선입니다. 총 길이가 1,956킬로미터에 달하며, 중국 서부를 가로질러 시짱 자치구의 주도州都 라싸로 향하죠. 노선 중 고도가 가장 높은 구간은 무려 해발 5,000미터가 넘어요. 이에 칭짱 철도는 세계에서 가장 높은 철도, 하늘을 나는 기차 등으로 불린답니다.

저는 베이징에서 출발하는 열차를 타고 라싸로 향했어요. 이동 거리가 5,000킬로미터에 달하는 대여정이었죠. 창가에 앉아 열차 밖을 바라보고 있으니 빽빽한 빌딩 숲은 사라지고 어느새 한적한 농촌 풍경이 나타나기 시작했어요. 열차가 라싸에 가까워지면서 민가도 사라지고 드넓은 초원이 눈앞에 가득 펼쳐졌죠. 풀을 뜯는 야크 떼도 점점이 보였고요. 초원을 지나고 나서는 황토 고원이 끝없이 이어졌는데요, 봄마다 우리나라에 찾아오는 황사의 발원지였죠. 계속해서 높아지는 고도에 귀가 먹먹해지다 풀어지기를 수십 번, 멀리서 만년설에 덮인 히말라야산맥이 보이기 시작했어요. 산맥 아래로는 웅장한 티베트고원이 파노라마처럼 펼쳐졌습니다.

처음 칭짱 철도에 탔을 때는 불안감이 가득했습니다. 가이드나 여행 허가증 없이 방문한 외국인인 저를 공안이 추방할지도 몰랐거든요. 하지만 같은 객차 사람들과 친밀하게 이야기를 나누며 서서히 긴장이 풀리기 시작했어요. 기차 안에는 한족은 물론 다양한 소수민족 친구들이 있었어요. 한족, 위구르족, 티베트족 친구들과 한국인인 저는 말이 잘 통하지는 않았지만 서로의 음식을 나누어 먹었고, 각자의 문화에 대해 이야기했어요. 그중 저와 같이 지리를 전공한 한족 친구와는 칭짱 철도와 티베트의 변화에 대해 토론하기도 했죠.

그렇게 마흔여섯 시간을 달려 목적지인 라싸에 발을 내딛었습니다. 라싸는 해발 3,600미터에 위치한 도시예요. 한반도에서 가장 높은 산인 백두산보다 약 1,000미터 높은 세계 제일의 고산 도시죠. 2006년, 칭짱 철도가 완공되면서 라싸는 중국 본토와 활발히 교류하게 됐어요. 도로가 정비되고 고층 건물이 들어서는 등 도시가 현대적으로 개발되기 시작했죠. 도시 개발 열풍을 따라 많은 중국 기업과 한족이 이곳으로 몰려들었고요. 중국 정부

Lhasa

가 라싸의 중국화를 위해 한족의 이주를 정책적으로 장려한 것도 한몫했죠. 도시 개발과 이주 정책의 여파로 라싸의 경제는 급격히 성장했습니다. 그에 반비례하여 라싸에 뿌리내렸던 티베트 민족 고유의 문화는 빠르게 사라져 갔죠.

변화하는 라싸의 심장, 포탈라궁

티베트의 심장이 라싸라면, 라싸의 심장은 포탈라궁이라고 할 수 있어요. 포탈라궁은 역대 달라이 라마의 무덤이 자리한 곳이에요. 티베트인에게 무척 신성한 공간이죠. 궁 앞에 도착하니 가족처럼 보이는 티베트인들이 포탈라궁을 배경으로 기념사진을 찍고 있었습니다. 절을 하며 궁 주변을 도는 사람들도 심심찮게 보였죠.

티베트인들은 일생에 한 번은 라싸로의 순례를 꿈꾼다고 해요. 자신이 사는 곳에서 라싸까지, 온몸을 땅에 대고 절을 올리는 '오체투지'로 이동한다고 하죠. 수십 일 혹은 몇 달에 걸쳐 라싸에 도착한 뒤 바로 포탈라궁을 찾는데요, 오체투지를 하며 포탈라궁을 시계 방향으로 도는 것이 순례의 한 과정이기 때문이에요. 제가 궁 앞에서 본 사람들도 이런 순례자들이었어요. 온몸을 던져 가며 라싸에 온 이들의 옷차림은 무척 남루했습니다. 고된 여정

포탈라궁을 오체투지하며 도는 순례자.

의 흔적이 그대로 묻어났죠. 하지만 그들의 얼굴에는 경건함과 기쁨이 가득했답니다.

포탈라궁을 찾는 사람들의 마음은 여전할지 몰라도, 이곳의 경관은 합병 전과 비교해 많이 바뀌어 있었습니다. 궁 앞만 해도 베이징에 있는 천안문 광장처럼 넓고 평평하게 변해 있었죠. 광장과 이어지는 도시의 중심가 또한 마찬가지였어요. 거리의 명칭은 중국의 주요 도시 이름으로 바뀌어 있었고, 아스팔트로 포장된 도로는 중국 여느 대도시처럼 차들로 가득 차 있었죠. 도시 곳곳에는 옛 건물을 부수고 높은 빌딩을 건설하는 공사가 한창이었고요. 혼잡한 거리 사이로 전통 복장을 입은 티베트인과 진홍색 승복을 입은 승려들이 패스트푸드 프랜차이즈 매장으로 들어가는 걸 보았는데, 라싸의 변화를 함축하는 장면처럼 느껴졌어요. 변화하는 도시의 모습을 보기 위해 찾아왔지만, 막상 그 모습을 보니 씁쓸함을 감출 수 없었답니다.

그럼에도 불구하고 변하지 않는 것

포탈라궁을 돈 순례자들은 구시가지로 향했습니다. 저도 이들을 따라 광장을 빠져나왔죠. 이들의 목적지는 구시가지 중심에 위치한 조캉사원이었어요. 조캉사원은 티베트 불교의 중심지이자, 순례의 종착점이에요. 조캉사원을 빙 둘러싼 골목을 바코르라고 하는데, 순례자들은 오체투지로 이곳을 시계 방향으로 돈 다음 조캉사원에 들어가곤 해요. 저도 순례자들과 같은 방향으로 바코르를 거닐었어요. 그리고 바코르와 이어지는 전통 시장 골목으로 들어갔습니다.

시장은 중국 본토 느낌이 물씬 풍기던 포탈라궁 앞과는 사뭇 달랐어요. 티베트 고유의 문화와 옛 라싸의 모습이 곳곳에 남아 있었죠. 구경하다 보니 한 정육점이 제 시선을 사로잡았어요. 야크 고기가 냉동고가 아닌 실온에 덩그러니 매달려 있었거든요. 서늘하고 건조한 고산기후인 라싸에서는 냉동고가 필요하지 않아 예부터 고기를 이런 방식으로 팔았다고 해요. 야크의 젖으로 만든 요구르트도 곳곳에서 판매되고 있었어요. 설탕 같은 감미료가 첨가되지 않아 시큼하고 고소한 맛이 났죠. 요구르트를 먹으면서 지나가는 사람들을 관찰했습니다. 야크 가죽으로 만든 전통 모자를 쓴 티베트 남자들, 시장을 지나 바코르로 향하는 순례자들을 보다 보니 옛 라싸로 시간 여행을 온 것만 같았답니다.

저는 현지인의 문화를 직접 체험해 보고 싶어서 가격은 조금 비쌌지만 야크 가죽 모자를 구입했어요. 그런데 제가 이 모자를 쓰고 바코르 거리를 걸어 다니니까 티베트인들이 함박웃음을 터뜨리는 것 아니겠어요? 나중에 안 사실인데 이 모자는 아버지의 연세가 예순을 넘으면 장남이 선물해 주는 모자라고 합니다. 한

조캉사원을 팔각형으로 둘러싼 거리인 바코르.

국에 비유하자면, 티베트 사람들의 눈에는 제 모습이 마치 서울 강남 거리에서 뜬금없이 갓을 쓰고 돌아다니는 외국인처럼 보였던 것이겠죠?

시장을 나와 다시 조캉사원으로 발걸음을 옮겼어요. 사원 앞에 도착하니 티베트 각지에서 온 수많은 순례자들이 벽을 향해 절을 올리고 있었죠. 불경을 외면서 합장하는 사람, 소리 없이 온몸을 바닥으로 내던지는 사람 등 모습은 다양했지만 온 마음을 다해 기도한다는 점은 모두 똑같았습니다. 그 광경을 보며 깨달았어요. 비록 라싸는 계속 변화하고 옛 모습을 잃어 갈지 몰라도, 정성스럽게 기도하는 티베트인 각자의 마음속에 고유한 문화와 정신은 고스란히 남아 있으리라는 걸요.

마지막으로 조캉사원을 둘러보고 들어간 전통 찻집에서는 티베트대학에서 역사를 전공하고 있다는 한 청년을 만났습니다. 제가 라싸의 경관 변화에 대해 논문을 쓰러 이곳에 왔다고 말하니 그 청년은 매우 반가워했어요. 그러고는 자기도 사라져 가는 티베트의 역사와 문화를 연구하고 싶다며 티베트 불교의 역사에 대해 친절하게 설명해 주고 전통 깃발 '타르초'에 적힌 문자들의 의미를 알려 주기도 했어요. 그런데 한창 이야기를 이어 가던 중에 중국 공안이 갑작스레 찻집으로 들어서자 그 청년은 화들짝 놀라며 타르초와 책을 감추었습니다. 저는 이런 상황이 마치 일제강점기 종로 카페에서 독립운동을 하던 청년들의 모습과 비슷하다

고 생각했죠. 그래서 공안이 나간 뒤 전통 모자를 쓰고 타르초를 양손에 든 채 기념사진을 찍었어요. 이 청년의 꿈이 언젠가는 반드시 이루어지기를 바라는 마음으로 말이에요.

가장 뜨거운 최후의 저항

티베트의 자유를 외치며 분신한 체왕 노르부.

2022년 2월, 티베트 출신 유명 가수 체왕 노르부가 분신焚身 사망한 것으로 알려지면서 큰 논란이 되었습니다. 체왕 노르부는 중국의 오디션 프로그램에 출연하여 전국 9위까지 올랐던 만 26세 아이돌 가수예요. 그는 라싸 포탈라궁 앞에서 티베트의 자유를 외치며 스스로 몸에 불을 질렀습니다. 티베트 망명정부와 일부 외국 언론을 통해 그의 사망 소식이 전해지고 있지만, 중국 내에서는 관련 소식이 일절 보도되지 않고 있습니다.

티베트인들이 중국 정부에 대한 저항으로 자신의 몸을 불사르는 일이 이어지고 있어요. 승려부터 일반인, 심지어 청소년들까지 저항의 뜻을 담아 스스로의 몸을 불사르는 소신공양燒身供養에 나서고 있습니다.

사실 이러한 소신공양은 최근의 일만은 아니에요. 2009년 티베트의 한 사원에서 20대 중반의 승려 타페이가 기름을 부은 몸에 스스로 불을 붙이고 무장 경찰이 쏜 총에 맞아 사망했고, 2년 뒤 같은 사원에서 20세 승려 푼트소그가 다시 분신 사망했습니다. 그런가 하면 2012년 3월 26일에는 중국공산당 총서기 후진타오의 인도 방문을 앞두고 수도 뉴델리에 거주 중이던 망명 티베트인 잠파 예시가 몸에 불을 붙인 채 거리를 달려가며 절규한 뒤 사망했습니다. '티베트를 위한 국제 운동International Campaign for Tibet'이라는 단체에 따르면, 2009년 이후 티베트에서는 총 159명이 분신해 사망했다고 해요.

초강대국 중국 정부의 무자비한 소수민족 탄압에 대해, 티베트인들은 이처럼 처절하고도 엄숙한 저항의 수단으로 몸에 기름을 붓고 불을 놓아 스스로를 통째로 바치는 소신공양을 행합니다. 티베트인들이 스스로를 희생하는 근본적인 이유는 소신공양이 불교의 가르침에 따라 타인에 대한 비폭력을 실천하면서도 가장 강력한 저항의 의지를 표명하는 최선의 방법이라 믿기 때문입니다.

GATE 2

다 같은 영국이라고
생각하면 오산!

Edinburgh

도착지   **에든버러**

국가	**영국 (스코틀랜드)**
면적	**263km²**
해발고도	**47m**
인구	**약 50만 명**
특징	**'북방의 아테네'라 불림**
	『해리 포터』 시리즈가 쓰인 곳

8,625km
Seoul — Edinburgh

처음 여행하는 나라는 수도나 최대 도시부터 둘러보는 것이 일반적입니다. 인구가 많은 도시에 그 나라의 문화를 대표하는 볼거리가 몰려 있을 뿐 아니라 즐길 거리도 많기 때문이겠죠. 하지만 여행에 정답은 없는 법! 가끔씩은 중심 도시가 아닌 주변 도시를 여행하면서 그 나라의 색다른 문화와 매력을 느껴 보는 것도 좋아요. 만약 그 도시가 오랜 기간 1등 도시와 라이벌 관계에 있으면서 독자적인 문화를 형성해 온 2등 도시라면 더욱 흥미진진하겠죠! 오늘 떠나 볼 도시는 바로 런던 다음가는 영국의 도시이자 스코틀랜드의 수도, 에든버러입니다.

에든버러로 떠난 이유

제가 스코틀랜드 에든버러로 떠난 건 어찌 보면 아주 단순하면서도 즉흥적인 이유에서였어요. 시점은 독립영화 〈잉여들의 히치하이킹〉(이호재, 2013)을 본 직후였습니다. 이 영화는 돈 한 푼 없는 대학생 네 명이 1년간 유럽을 여행하면서 겪는 일들을 담고 있죠. 영화를 전공한 주인공들은 자신들의 전공을 살려서 유럽 내 숙박업소들의 홍보 영상을 제작해 주며 경비를 충당하는 자급자족 여행을 계획합니다. 하지만 그들의 여행은 계획대로 진행되지 않고 어느새 어려움에 빠지고 말아요. 유럽에서 생존하기 위

에든버러는 런던으로부터 북쪽으로 약 500킬로미터
떨어진 곳에 위치해 있다.

해 온갖 잡일을 통해 버티면서 영화 속 청춘은 이렇게 이야기합
니다. "현실이 너무 현실 같아서 지금 이 상황이 꿈 같다."

영화를 보고 있던 저도 당시 한 치 앞이 보이지 않는 현실을
이제 막 마주한 청춘이었습니다. 영화 속 그들과 저는 닮아 있었
고, 그 때문인지 그들의 메시지는 마음을 강하게 울렸죠. 그리고
엔딩 크레딧이 올라감과 동시에 저는 영화 속 그들이 머물렀던
장소 중 가장 인상적이었던 스코틀랜드 에든버러로 떠나기로 결
심했답니다.

Edinburgh

파란색 2층 버스와 '성 안드레아의 십자가', 그리고 유니언잭.

영국^{United Kingdom}은 잉글랜드, 웨일스, 북아일랜드, 그리고 스코틀랜드가 연합해 형성한 나라예요. 그래서 저는 스코틀랜드의 중심 에든버러로 가기 위해 우선 영국의 수도이자 잉글랜드의 중심인 런던으로 향했습니다. 런던은 이미 여러 번 여행해서 익숙하면서도 개인적으로 가장 좋아하는 도시예요. 템스강을 걸으며 랜드마크인 런던 아이와 빅벤을 마음속에 담고, 에든버러행 기차에 몸을 실었어요. 킹스크로스역에서 출발한 기차는 그레이트 브리튼섬을 다섯 시간 동안 가로질러 에든버러 웨이벌리역에 도착했습니다. 거리로 나오자 눈앞에는 런던보다 훨씬 더 파란 하늘, 파란색 2층 버스, 그리고 스코틀랜드의 파란색 국기 '성 안드레아의 십자가'가 보였어요. 런던에서 빨간색 2층 버스만 보다가 파란색 2층 버스를 보니 비로소 스코틀랜드에 온 것이 실감 났죠.

북방의 아테네

숙소는 창문을 열면 에든버러성Edinburgh Castle이 바로 앞에 보이는 구시가 중심의 호스텔로 정했어요. 스코틀랜드의 정치적 중심지 에든버러는 경제적 중심지인 글래스고보다 인구는 적지만, 영국으로부터 자치권을 인정받아 설립된 스코틀랜드 자치 의회와 오랜 기간 잉글랜드로부터의 침략을 막아 낸 에든버러성이 위치한 도시예요. 숙소를 나와 천천히 에든버러 거리를 걷기 시작했어요. 이렇게 에든버러의 구시가를 걷는 것만으로도 스코틀랜드의 역사와 문화를 온몸으로 느낄 수 있습니다. 에든버러의 시가지는 마치 고대 그리스의 도시 '폴리스'처럼 언덕 위에 웅장하게 펼쳐져 있어요. 그래서 예로부터 에든버러를 '북방의 아테네'라고 부른 건지도 모르겠네요.

하지만 에든버러에 이러한 별명이 붙은 이유는 단지 도시의 경관 때문만은 아니에요. 에든버러는 유럽 문화의 뿌리가 되었던 아테네에 버금갈 정도로 문화가 발달한 곳이기도 합니다. 에든버

러는 영국의 중심 런던으로부터 멀리 떨어져 있어 독립적이면서도 특색 있는 문화가 움튼 곳이에요. 에든버러는 에든버러대학교를 중심으로 수많은 스코틀랜드 계몽주의 사상가들이 활약한 곳이자 스코틀랜드 종교개혁의 중심지로 칼뱅주의 종교개혁자 존 녹스가 활동한 장로회의 탄생지예요. 뿐만 아니라 '보이지 않는 손'으로 유명한 경제학의 아버지 애덤 스미스, 대표적인 공리주의 철학자 데이비드 흄과 같은 사상가들이 활동한 곳이기도 하죠. 에든버러에 이와 같은 문화적 자산이 축적되어 있었기 때문에 미국 건국의 아버지 토머스 제퍼슨이 '세상 어디에도 에든버러만 한 곳은 없다'고 말했나 봅니다. 비교적 최근에는 작가 J. K. 롤링도 이곳 에든버러의 경관에서 영감을 받아 『해리 포터』 시리즈를 집필했다고 해요. 스코틀랜드를 넘어 영국의 문화적 중심지로 불릴 만하죠?

정체성은 잃지 않아!

에든버러 거리에서 들리는 영어는 확실히 남쪽 런던의 영어와는 다른 강렬한 악센트가 인상적이에요. 호스텔 벽면에는 과거 스코틀랜드인들이 쓰던 게일어와 영어의 대조표가 붙어 있었죠. 이처럼 같은 영어를 쓰고 있지만 스코틀랜드의 언어에도 그들의

자유를 외치던 스코틀랜드의 영웅 윌리엄 월리스.

정체성이 짙게 묻어납니다. 스코틀랜드의 정체성을 이야기하면
서 역사 이야기를 빼놓을 수는 없죠. 에든버러 거리에는 스코틀
랜드의 국기만큼이나 영화 〈브레이브 하트〉의 포스터가 자주 눈
에 띄어요. 스코틀랜드 출신의 세계적 배우 멜 깁슨이 감독과 주
연을 겸한 이 영화는 스코틀랜드가 잉글랜드에 맞서 싸우던 시절
을 담고 있습니다. 스코틀랜드는 843년 잉글랜드에 앞서 세워진
왕국이었지만 국력이 잉글랜드에 밀려서 남쪽으로부터 끊임없이
침략을 받았어요. 영화의 주인공이기도 한 스코틀랜드의 전쟁 영
웅 윌리엄 월리스는 뜨겁게 자유를 외치며 잉글랜드의 침략을 힘

Edinburgh

겹게 막아 냈지만 결국 1707년 스코틀랜드는 잉글랜드와 합병되고 말죠.

그렇게 스코틀랜드는 대영제국의 일부가 되었지만 1,000년 가까이 투쟁하던 스코틀랜드인들의 자유에 대한 열망은 쉽사리 꺾이지 않았어요. 1999년에 70퍼센트가 넘는 찬성표로 스코틀랜드 의회가 부활하여 외교와 국방을 제외한 자치권을 인정받았고, 2016년 유럽연합(EU)에서 영국이 탈퇴하는 '브렉시트'가 확정되자, 스코틀랜드인들은 2019년 이에 반발해 영국에서 분리 독립을 하자며 영국 정부에 공식적으로 주민투표를 요구하기도 했어요. 비록 투표가 이루어지진 못했고 여전히 영국에 속한 상태지만, 스코틀랜드는 자신만의 정체성을 유지하기 위해 끊임없이 노력 중입니다. 이처럼 오랜 세월 이어져 온 스코틀랜드인들의 자유에 대한 갈망과 정체성을 느껴 보기 위해 스코틀랜드 의회 앞 잔디밭에 앉아서 영화 〈브레이브 하트〉를 감상했어요.

과거와 현재를 이어 주는 거리

에든버러는 주요 건축물들과 관광지 대부분이 구시가에 몰려 있어 걸어서 여행하기 좋은 도시예요. 유네스코 세계유산으로도 지정된 에든버러 구시가에는 대표적으로 에든버러성을 둘러싸

여행객을 역사 속으로 이끄는 듯한 로열마일.

고 있는 로열마일이 있어요. 로열마일은 에든버러성 서쪽의 바위산 캐슬록에서부터 동쪽 홀리루드궁으로 이어지는 1.8킬로미터의 돌길인데요, 이름에서 알 수 있듯이 과거 로열마일은 귀족들만 통행할 수 있는 거리였다고 합니다. 평민들은 로열마일 뒤편 좁은 골목으로 걸어야 했고요. 조선 시대 평민들이 종로로 행차하는 양반들의 가마를 피해 다녔던 좁은 골목 피맛골을 떠올리게 됩니다.

로열마일의 양쪽에는 마치 스코틀랜드의 과거와 현재를 이어주는 듯, 고풍스러운 고딕 양식 건축물들이 줄지어 있습니다. 에든버러 출신 유명인들의 동상도 거리 곳곳에 세워져 있어요. 앞에서 이야기한 경제학자 애덤 스미스와 철학자 데이비드 흄이 대표적인데요, 특히 데이비드 흄 동상의 살짝 튀어나온 오른발이 수많은 관광객의 손길로 닳아서 반짝이는 게 재미있네요! 로열마일을 걷다 보면 익숙한 백파이프 연주 소리도 들립니다. 스코틀랜드를 상징하는 멜로디와 음색을 들으며 고풍스러운 거리를 걸으니 스코틀랜드의 역사 속으로 빨려 들어가는 듯한 느낌이 들었어요.

에든버러성 쪽으로 계속 걷다 보면 세인트자일스대성당이 나타납니다. 12세기에 건축된 세인트자일스대성당은 16세기 종교개혁의 중심이 된 곳이죠. 스코틀랜드 종교개혁의 선구자라 할 수 있는 존 녹스의 동상이 성당 앞 광장에 자리 잡고 있어요. 앞서 이야기했듯이 스코틀랜드는 개신교의 일파 중 우리에게 익숙한 장로교의 발상지입니다. 과거 가톨릭의 전통이 어느 정도 남아 있는 잉글랜드 성공회와는 달리 스코틀랜드는 구세대 교리에 저항한다는 의미의 프로테스탄트 교리를 정립했어요.

스코틀랜드의 과거를 간직한 로열마일을 걸어 에든버러의 상징 에든버러성으로 향했어요. 캐슬록이라는 바위산 위에 세워진 에든버러성은 유럽에서 가장 오래된 요새 중 하나예요. 스코틀랜드왕국 시절 왕족들이 거주하던 곳이지만, 적들의 침입을 막는 요새로서의 기능이 중시되다 보니 화려함보다는 튼튼함을 더 강조한 모습을 보인답니다. 스코틀랜드의 기나긴 독립 전쟁 시절 에든버러성은 자주 잉글랜드군에 포위되었는데, 성곽에 놓인 대포가 당시 상황을 말해 주는 듯합니다. 지금도 매일 오후 한 시에 대포 사격 행사를 하고 있어서 많은 관광객들이 모여들어요.

2등이면 어때?

에든버러에서는 매년 8월 세계적인 축제가 열려요. 대표적으로 에든버러 국제 페스티벌과 에든버러 프린지 페스티벌이 있죠. 에든버러 국제 페스티벌은 1947년부터 시작된 축제로 춤, 클래식 음악, 오페라 등의 다양한 장르에서 활약하는 공연 팀들을 초

아서왕의 의자 언덕에서 바라본 에든버러성.

청하여 진행하는 공연 예술 축제입니다. 또 다른 축제 에든버러 프린지 페스티벌도 비슷한 시기에 열리는데요, 사실 이 에든버러 프린지 페스티벌은 에든버러 국제 페스티벌에 초청되지 못한 예술가들이 거리 공연을 펼치면서 시작된 것이라고 해요. 하지만 오늘날에는 에든버러 프린지 페스티벌이 오히려 에든버러 국제 페스티벌보다 세계적으로 유명한 축제로 거듭났어요. 프린지 페스티벌 기간에는 인구 50만 명 정도인 에든버러에 그보다 몇 배나 많은 인파가 몰린다고 하니, 인기가 대단하죠?

마침 제가 에든버러를 방문했을 때가 프린지 페스티벌을 막 시작하는 시기였어요. 세계 각지에서 찾아온 공연 팀들과 관광객들로 로열마일이 가득 차 있었죠. 흥겨운 인파 속에서 각양각색의 훌륭한 공연들을 관람하면서 이런 생각을 했어요. 처음에는 무대에 초청조차 받지 못해 거리에서 공연을 펼치던 2등 공연 팀들이 결국 세계 최고의 축제를 만든 것처럼, 자신의 모습을 있는 그대로 받아들이고 강점을 발전시킨다면 반드시 1등이 아니어도 행복할 수 있겠다는 것을요!

시내 구경을 마치고 에든버러 전경이 내려다보이는 아서왕의 의자Arthur's Seat 언덕으로 향했어요. 걸어서 40분쯤 길을 오르니 시원한 바닷바람 속에 헤엄치는 갈매기가 맞이해 주네요. 그리고 북방의 아테네로 불리는 에든버러의 시가지와 오랫동안 스코틀랜드의 심장을 지켜 온 에든버러성이 한눈에 들어옵니다. 북해에

Edinburgh

서 불어오는 바람을 맞으며 이번 여행의 감상을 정리하는 시간을 가졌어요. 스코틀랜드는 300년 넘게 잉글랜드 중심의 '영국'이라는 울타리 안에서 지내 왔지만 그 정신은 온전히 간직하고 있죠. 비록 2등이지만 1등이 갖지 못한 자신만의 강점을 간직하고 발전시켜 온 노력이 지금의 스코틀랜드를 만들었다고 생각합니다.

해리 포터의 고향

J. K. 롤링이 『해리 포터』 시리즈를 집필한 카페.

전 세계적으로 엄청난 인기를 끌고 전편이 영화로도 제작된 영국의 판타지 소설 시리즈 『해리 포터』가 바로 에든버러에서 탄생했습니다. 저자 J. K. 롤링이 1993년부터 에든버러에서 지내며 에든버러성을 비롯한 옛 건축물들과 스코틀랜드 특유의 자연경관에서 감명을 받았다고 해요. 소설 속 마법 학교 호그와트성의 위치를 '스코틀랜드 지역 어딘가'로 설정했다고 하죠. 높은 절벽 위에 웅장하게 펼쳐져 있는 에든버러성을 바라보면 자연스레 영화판에서 등장하는 '호그와트'의 모습이 떠오르지 않나요?

해리 포터의 탄생지인 만큼 에든버러에서는 다양한 '성지'를 발견할 수 있습니다. 특히 에든버러성 가까이의 한 골목에 위치한 카페 '엘리펀트 하우스'가 유명한데요, 소설이 성공하기 전 생활고에 시달리던 롤링이 이곳을 자주 찾아 하루 종일 집필 작업을 하곤 했다고 알려져 있답니다. 카페의 화장실 벽에는 작가에게 보내는 전 세계 팬들의 낙서가 가득하니, 이 카페에 간다면 화장실을 꼭 구경해 보세요!

『해리 포터』 시리즈가 출시 직후부터 폭발적인 인기를 얻고 롤링의 생애에 관한 사실들이 알려지면서 에든버러는 전 세계에서 몰려드는 팬들로 붐비고 있어요. 그래서 에든버러 측도 지역 경제 활성화에 기여한 롤링을 기념하는 의미에서 그의 핸드프린팅을 제작해 시청 근처 거리에 남겨 두었답니다.

GATE 3

우리가 몰랐던,
지상낙원의 뒷이야기
Honolulu

도착지	**호놀룰루**

국가	**미국 (하와이주)**
면적	**177km²**
해발고도	**5m**
인구	**약 35만 명**
특징	**수많은 아시아인이 뿌리내린 곳**
	진주만 공습의 배경

7,323km
Seoul — Honolulu

중국의 티베트, 영국의 스코틀랜드에 대해 살펴보았으니 이번에는 태평양으로 떠나 볼까요? 미국의 휴양지 하면 단번에 떠오르는 그곳, 바로 하와이로 말이죠! 이 장에서는 하와이의 대표 도시 호놀룰루를 거닐며 치열하면서도 가슴 아픈 이주와 전쟁의 역사를 되짚어 봅시다.

태평양 한가운데 있는 화산섬

미국의 주는 저마다 별명이 있어요. 예를 들어 로스앤젤레스 (LA)가 위치한 캘리포니아주의 별명은 'Golden State'입니다. 이곳에서 1848년 금광이 발견되면서 골드러시가 일어났거든요. 이 외에도 사시사철 따뜻한 플로리다주의 별명은 'Sunshine State', 가장 마지막으로 미국에 편입한 알래스카주의 별명은 마지막 국경이라는 뜻의 'The Last Frontier'입니다. 그렇다면 이번 여행의 주인공 하와이주의 별명은 무엇일까요? 바로 'Aloha State'예요. '알로하(aloha)'는 하와이에서 만나거나 헤어질 때 쓰는 인사말로, 사랑·평화·자비 등 긍정적인 상황에서 거의 다 통용된다고 해요.

보편적인 영어 인사말인 '하이(hi)'나 '헬로우(hello)'가 아니라 '알로하'가 쓰이는 것만 봐도 짐작할 수 있듯, 하와이는 미국 본토와 역사와 문화가 매우 다릅니다. 세계지도를 펼쳐 보면 태평양 한가운데에 점처럼 작게 표시된 하와이를 발견할 수 있을 거예요. 미국 본토와 꽤 많이 떨어져 있죠? 해저에서 화산이 폭발한 후 그 분출물이 쌓여서 만들어진 하와이 군도는 18세기 후반에 이르러서야 서구 사회에 발견됐어요. 그 전까지 이곳에는 태평양 중남부 원주민인 폴리네시아인이 정착해 살고 있었죠. 서구 사회에 알려진 후 하와이는 북아메리카와 아시아 대륙을 잇는 무역업의 중계지로 관심받기 시작했습니다. 태평양을 오가는 뱃사람들이 중간에 휴식을 취하고 필요한 물자를 보급받기에 최적의 위치였기 때문이죠. 그렇게 하와이는 북미, 아시아, 유럽 등 세계 각지의 사람들이 몰려드는 태평양의 중심지로 발전했어요. 하지만 경제적으로 발전할수록 지역을 둘러싼 정치적 혼란도 커졌고, 결국 하와이는 1898년 그 당시 지역을 주름잡던 미국인들의 주도로 미국에 편입되고 말았답니다.

하와이주는 빅 아일랜드라고 불리는 하와이섬을 비롯해 마우이섬, 오아후섬, 몰로카이섬, 카우아이섬 등 크고 작은 섬으로 이루어져 있어요. 크기가 가장 큰 섬은 빅 아일랜드(하와이섬)이지만,

카우아이섬

오아후섬

몰로카이섬

호놀룰루

마우이섬

빅 아일랜드
(하와이섬)

태평양 한가운데 위치한 하와이 제도.

주민 대부분이 오아후섬에 거주하죠. 하와이주의 주도 호놀룰루가 오아후섬에 위치해 있거든요. 유명한 관광지나 해변, 국제공항도 이곳에 몰려 있어 하와이를 여행한다고 하면 오아후섬, 그중에서도 호놀룰루를 중심으로 둘러보는 경우가 많답니다.

하와이로 향한 사람들

저는 인천에서 출발해 일본 오사카를 거쳐 하와이 호놀룰루로 향했어요. 번거롭게 일본을 경유한 데에는 다 이유가 있답니다. 글쎄, 일본 오사카와 하와이 호놀룰루를 오가는 왕복 항공권이 단돈 10만 원이지 뭐예요! 우리나라에서 하와이를 가려면 이보다 몇 배는 더 웃돈을 줘야 했기에 당장 구매 버튼을 클릭했죠. 기간 한정 특별 할인이라서 취소나 일정 변동이 불가능하다는 주의 사항이 안내됐지만…. 그게 큰 대수였겠어요? 그 당시 한국과 일본을 오가는 비행기표가 20만 원대였던 점을 생각하면 헐값인 셈이었는걸요! 그렇게 저는 왕복 30만 원이라는 저렴한 가격에 비행기표를 구매하며 기분 좋게 하와이 여행을 시작했답니다.

우리나라보다 옆 나라 일본에서 하와이를 오가는 항공료가 싼 데에는 몇 가지 이유가 있어요. 첫 번째로 일본이 우리나라보다 하와이와 가깝습니다. 당연히 항공료가 더 저렴할 수밖에요. 두 번째로 일본은 우리나라보다 하와이를 오가는 항공편이 월등히 많습니다. 선택할 수 있는 가격대도 다양하고 할인도 많이 되죠. 왜냐고요? 하와이는 일본 사람들이 가장 많이 방문하는 해외 여행지이자 수많은 일본인이 이주해 뿌리를 내린 지역이거든요.

하와이와 일본의 관계는 1898년 하와이가 미국에 편입되기 전으로 거슬러 올라갑니다. 19세기 중반 하와이에서 파인애플과 사탕수수 플랜테이션 농업이 활성화되기 시작할 때로 말이죠. 백인 농장주들은 지역 원주민만으로는 드넓은 농장에서 일할 인력을 충당하기 어렵다는 걸 깨닫고 외국 노동자들의 하와이 이주를 장려하고 나섰어요. 일본, 중국 등 노동력이 값싼 아시아 지역

Honolulu

에서 사람들을 대거 모집해 하와이로 이주시켰죠. 그렇게 수많은 일본인이 먹고살 길을 찾아 태평양을 건너 하와이에 뿌리를 내리고 살기 시작했습니다. 그 숫자가 실로 엄청났는데, 당시의 기록에 의하면 1900년대 하와이에 거주하던 일본인이 하와이 총인구의 40퍼센트에 달했다고 해요.

많은 일본인의 하와이 거주는 또 다른 일본인의 이주를 촉진했습니다. 음식도 기후도 다른 낯선 땅에서 사는 건 쉽지 않죠. 하지만 만약 그곳에 가족이나 친구 혹은 동포가 살고 있으면 어떨까요? 아무래도 생활이 훨씬 편리해질 거예요. 정착하는 데 필요한 정보도 비교적 수월하게 얻을 수 있고, 같은 언어와 문화를 공유하는 공동체에 소속됐다는 안정감도 느낄 수 있을 테니까요. 그렇게 19세기 하와이에 일본인이 많이 정착하기 시작하면서 하와이 이주의 문턱이 낮아지고 교류도 활발해졌답니다. 그 흐름이 지금까지도 이어지고 있는 셈이죠. 참고로 이와 같은 현상을 '연쇄 이주'라고 해요.

실제로 하와이에 도착해 호놀룰루 거리를 걷다 보니 초밥이나 라멘 같은 일본 음식을 파는 식당을 심심찮게 발견할 수 있었어요. 하와이를 대표하는 와이키키 해변 옆에도 고급 일식집이나 철판 요리 가게가 즐비해 있었죠. 여기저기서 일본어가 들리기도 했어요. 태평양을 가로질러 미국에 왔는데 마치 옆 나라 일본의 휴양도시를 여행하는 느낌이었답니다.

하와이에는 일식집이 정말 많다.

Honolulu

사실 하와이는 일본뿐 아니라 우리나라의 이민사와도 관계가 깊어요. 1903년 1월 13일 100여 명의 한인 노동자가 하와이 호놀룰루 항구에 발을 디딘 것을 시작으로, 우리나라 사람들이 더 나은 일자리와 삶을 찾아 세계 각지로 퍼져 나갔거든요. 다시 말해 하와이는 우리나라 이민의 시발점이기도 합니다.

전쟁에 울고 웃는 하와이

호놀룰루의 관광지를 논하면 빠지지 않는 곳들이 있어요. 아름다운 와이키키 해변, 거대한 분화구를 자랑하는 사화산 다이아몬드헤드, 그리고 진주만이죠. 진주만은 호놀룰루 서쪽에 위치한 만이에요. 과거 하와이 주민들이 이곳에서 진주를 많이 채취해 진주만이라는 이름이 붙었죠. 아름다운 이름과 달리 이곳에는 전쟁의 아픔이 서려 있답니다.

제2차 세계대전이 한창이던 1941년 12월 7일, 일본군은 진주만에 있던 미 해군기지를 선전포고 없이 공습했습니다. 이로 인해 전함 열여덟 척이 격침당했고, 188대의 항공기가 파괴됐죠. 사상자는 무려 3,500여 명에 달했습니다. 공습 직후 미국은 일본제국에 선전포고를 하며 제2차 세계대전 참전을 결정했고, 이 사건은 훗날 일제가 패망하는 결정적인 원인이 되었어요. 미국이 연합국을 전폭적으로 지원하면서 전세가 기울기 시작했거든요. 결국 1945년 8월 15일 일제는 무조건적인 항복을 선언했고, 그로부터 몇 주 뒤인 9월 2일 도쿄만에 정박한 미국의 미주리호에서 항복 문서에 서명했답니다. 현재 진주만에는 1941년 공습 당시 침몰한 애리조나호와 그곳에서 숨진 승무원들을 기리는 애리조나 기념관, 일제가 항복 문서에 서명한 장소인 미주리호가 탈바꿈한 미주리 기념관 등 제2차 세계대전과 관련한 여러 공간이 마련돼 있어요.

1940년대 하와이에 살던 일본인에게 진주만 공습은 청천벽력과도 같은 사건이었어요. 이 일로 미국 내에서 일본은 그야말로 공공의 적이 되었고, 일본인을 향한 시선이 날카로워졌으니까요. 그러던 중 1950년에 발발한 6·25 전쟁은 상황을 완전히 뒤바꾸어 놓았습니다. 한반도와 인접한 일본은 미국의 막대한 군사적·경제적 원조를 받는 파트너로 급부상했거든요. 이후 지금까지도 미국과 일본은 정치적으로나 경제적으로 친밀한 관계를 유지하고 있죠.

하와이의 상징 와이키키 해변, 그러나…

하와이는 렌터카의 천국이라고 할 수 있어요. 미국답게 널찍

서퍼들의 성지 노스쇼어.

한 도로와 주차 시설을 갖추고 있는 데다가 휴양지답게 운전자들도 매너 있고 차분해서 운전하기가 정말 편하죠. 하지만 대중교통이 발달하지 않았다는 점 역시 미국과 비슷해서, 렌터카 없이 여행하기는 힘든 편입니다. 저는 하와이까지 온 김에 한껏 기분을 낼 겸, 여행자의 로망과도 같은 오픈카를 렌트해 오아후섬을 둘러보기로 했습니다.

오아후섬을 가운데로 관통하는 도로를 따라 북쪽으로 달렸어요. 오아후섬 북부에 위치한 해변 노스쇼어는 서퍼들의 천국이에요. 수심이 얕고 파도가 높아서 서핑하기 제격인 곳이죠. 하지만 노스쇼어가 서핑으로만 유명한 건 아니에요. 바로 최근 한국에도 해수욕장에 많이 생기고 있는 '하와이 새우 트럭'이 시작된 곳이 바로 여기거든요. 푸드 트럭에서 큼지막한 새우를 버터와 마늘에 노릇하게 볶아서 밥과 나오는 요리는 단순하지만 제가 지금껏 먹어 봤던 새우 요리 중에 최고였어요! 역시 원조는 다르구나 하는 생각이 절로 들었답니다.

노스쇼어를 구경했으니 다시 호놀룰루로 돌아와서, 이번에는 하와이의 상징과도 같은 와이키키 해변으로 가 볼까요? 와이키키는 하와이 말로 '용솟음치는 물'이란 뜻으로 과거부터 휴양지로 유명했습니다. 현재 와이키키 해변 주변에는 수많은 고급 호텔과 레스토랑, 그리고 쇼핑을 위한 명품 샵이 들어서 있어요.

꽉 찬 일정을 마친 뒤 드디어 와이키키의 바다로 뛰어들 시

간! 그런데 기대했던 것과는 다르게 무척 적은 모래의 양이 먼저 눈에 들어왔어요. 와이키키 해변은 세계적인 해수욕장이라는 명성에 걸맞지 않게 우리나라의 경포 해수욕장이나 해운대 해수욕장 등에 비해 해변의 규모도 훨씬 작았어요. 조금은 섭섭한 마음으로 주위를 둘러보다, 해변 뒤편의 호텔과 상가를 보고 그 이유를 알 수 있었죠.

해수욕장(사빈)의 모래는 그 뒤에 있는 모래 언덕(사구)에서 바람에 의해 자연스럽게 공급받습니다. 낮에는 바다에서 육지로 부는 해풍에 의해서 사빈의 모래가 사구 쪽으로 가고, 반대로 밤에는 육지에서 바다로 부는 육풍에 의해 사구의 모래가 사빈으로 이동하며 서로 균형을 맞추는 거예요. 그런데 와이키키 해변은 모래를 공급해 주는 사구가 사라졌습니다. 대신 그 자리에 이미 수많은 호텔과 음식점, 쇼핑몰들이 줄지어 건설되어 있죠.

게다가 지구온난화와 그로 인한 해수면 상승으로 와이키키 해변의 해안침식은 더욱 가속화되고 있어요. 물론 해변이 관광지로 개발되면 자연스럽게 주위에 크고 작은 건물들이 들어서기 마련이죠. 하지만 이렇게 세계적으로 유명한 와이키키 해변이 점점 초라한 모습으로 변해 가고 있다는 사실이 안타까운 건 어쩔 수 없었어요. 아름다운 관광지는 그 아름다움 때문에 유명해지지만, 이후 많은 사람들이 몰리면서 결국 그 아름다움이 사라져 버린다는 사실은 세계 어디에서든 똑같다는 것을 느꼈어요.

하와이의 상징 와이키키 해변.

Honolulu

하와이의 별명이면서 인사말인 '알로하'는 어떻게 보면 '걱정 마, 다 잘될 거야'라는 뜻을 지닌 스와힐리어 '하쿠나 마타타'와 의미가 일맥상통한다고 할 수 있습니다. 열대지방에 살고 있는 주민들의 낙천적이고 긍정적인 성격이 언어에 공통적으로 표현된 것이라고 할 수 있겠죠. 물론 하와이는 지금도 세계에서 가장 유명한 휴양지이면서 특히 신혼부부들의 1순위 여행지로 꼽히는 곳이지만, 지금처럼 '다 잘될 거야'라는 생각만으로 소홀히 대하다 보면 태평양 한가운데 지상낙원 하와이는 분명히 머지않아 그 아름다움을 잃어버리고 말 거예요. 점점 줄어들고 있는 와이키키 해변의 모래를 바라보면서 10년 후 하와이의 모습을 상상해 봅니다.

드래곤볼과 카메하메하

카메하메하 1세(왼쪽)와 『드래곤볼』(오른쪽).

앞에서 살펴보았듯이 하와이에는 많은 일본인이 살고 있어요. 그래서 음식을 비롯한 다양한 분야에서 일본 문화가 하와이에 영향을 주었죠. 그런데 반대로 하와이의 문화가 일본 문화에 준 영향도 있습니다. 조금은 뜬금없을지 모르지만, 일본의 만화에서 그흔적을 찾을 수 있어요. 모르는 사람을 찾기가 어려울 정도로 엄청난 인기를 끈 만화, 바로 『드래곤볼』에서 말이에요.

『드래곤볼』은 무술과 초능력에 능한 주인공이 강적들과 싸우면서 성장해 세계를 지켜 내는 '소년 만화'의 원조 격입니다. 연재 초기에 주인공 손오공이 스승에게서 배우는 필살기의 이름 '에네르기파'를 여러분도 한 번쯤 들어 봤을 거예요. 이 에네르기파는 사실 한국어 번역판상의 이름으로, 일본어판의 원래 이름은 '카메하메하'인데요, 바로 이 카메하메하가 하와이의 옛 국왕인 '카메하메하 1세'에게서 따 온 이름이에요.

하와이는 미국으로 편입되기 전 독립적인 주권을 가진 왕국이었는데, 이 하와이왕국의 역사에서 가장 널리 알려진 왕이 카메하메하 1세입니다. 하와이를 최초로 발견한 영국인 제임스 쿡 선장과 교류하며 무기와 전략 등 영국의 선진 문물을 받아들이고, 영국인들이 하와이를 떠난 뒤 이를 바탕으로 하와이의 여러 부족과 섬들을 처음 통일한 인물이에요. 카메하메하 1세는 통일 군주로서 지금까지 하와이인들에게 명성이 높고, 호놀룰루에 위치한 하와이 주청사 인근에는 그를 기리는 동상이 세워져 있답니다.

GATE 4

축구 클럽이
전부가 아니야

Barcelona

도착지   **바르셀로나**

국가   **에스파냐 (카탈루냐 광역자치주)**

면적   **101km²**

해발고도   **12m**

인구   **약 162만 명**

특징   **바르셀로나 FC의 연고지**

           가우디의 도시

9,625km
Seoul — Barcelona

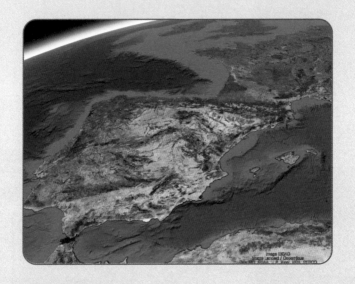

처음 만난 외국인에게 자기소개를 해야 하는 상황, 여러분은 어떤 말로 물꼬를 틀 건가요? 일단 저는 이름과 나이를 밝힌 다음 이렇게 말할 것 같아요. "And I'm from Korea."라고요! 내가 태어나거나 속한 국가는 나를 이루는 중요한 정체성 중 하나니까요. 그런데 여기, 나라 이름으로는 죽어도 불리기 싫다는 곳이 있어요. 바로 에스파냐의 바르셀로나죠. 이번 시간에는 바르셀로나를 걸으며 그 이유를 파헤쳐 볼게요.

한여름의 에스파냐

2018년 '여름', 저는 이베리아반도로 향했어요. 이베리아반도가 어디냐고요? 유럽 대륙 남쪽에 툭 튀어나와 있는 곳이라고 하면 금방 감이 잡힐 거예요. 에스파냐와 포르투갈이 있는 지역이죠. 이베리아반도는 서쪽으로는 대서양과 맞닿아 있고, 남동쪽으로는 지중해에 접해 있어요. 바다로 둘러싸인 만큼 이곳에 위치한 두 나라 모두 바다와 연관이 깊죠. 과거 유럽 사람들이 대양을 누비며 신항로를 개척하던 대항해시대, 에스파냐와 포르투갈은 세계를 주름잡던 해상 강국이었답니다. 크리스토퍼 콜럼버스

지중해성 기후에서 잘 자라는 올리브 나무.

라는 이름, 다들 들어 보았죠? 유럽 중심의 잘못된 표현이긴 하지만, 아메리카 대륙을 발견했다고 알려진 유명한 탐험가 말예요. 콜럼버스도 에스파냐 왕실의 막강한 지원을 받아 신대륙을 찾아나설 수 있었답니다.

앞서 제가 여름을 강조한 데는 이유가 있어요. 이 지역의 여름은 무척 특이하거든요! 우리나라 기준에서 보면 말이죠. 우리나라는 여름에 비가 많이 내려 무척 습하죠? 겨울에는 비가 적게 내려 건조하고요. 이 지역은 반대예요. 무더운 여름에는 무척 건조하고, 추운 겨울에는 비가 많이 와 습윤하답니다. 이를 지중해성 기후라고 해요. 지중해 주변에서 이 같은 기후적 특징이 나타나

Barcelona

붙은 이름이죠. 지중해성 기후 지역은 여름에 햇빛이 무척 강렬하고 공기가 건조한 덕분에 포도, 오렌지, 레몬, 올리브 같은 과일이 잘 자라고 맛이 좋아요. 맛있는 과일을 실컷 먹으며 우리나라와 다른 지중해의 여름을 느껴 보고픈 마음에, 그해 여름 저는 에스파냐로 떠났답니다.

에스파냐 말고, 카탈루냐라고 불러 줘

여행을 떠나면 그 나라의 수도에서 일정을 시작하곤 하죠. 수도만 가는 경우도 무척 많고요. 도시의 역사가 길고 그 나라 경제와 문화의 중심이기에 볼거리나 즐길 거리가 풍부하기 때문이겠죠. 이 같은 이유로 저도 많은 여행을 그 나라의 수도에서 시작했지만, 에스파냐는 달랐어요. 수도 마드리드로 가지 않고 곧장 에스파냐 제2의 도시 바르셀로나로 향했죠. 제게는 바르셀로나가 에스파냐 하면 가장 먼저 떠오르는 곳이었거든요. 바르셀로나는 에스파냐 북동부의 카탈루냐 지방에 위치한 항구도시예요. 동쪽으로 맞닿은 지중해를 통해 다른 도시나 국가와 교역하며 성장했죠. 현재는 카탈루냐 지방의 중심 도시이자 에스파냐 최대의 무역도시로 명성이 드높답니다.

바르셀로나가 속한 카탈루냐는 에스파냐에서 부유하기로 유

이베리아반도 북동부, 지중해와 맞닿아 있는 바르셀로나.

명해요. 크기는 약 3만 제곱킬로미터로, 에스파냐 전체 면적의 6.3퍼센트에 불과하지만 국내총생산(GDP)의 20퍼센트가 이곳에서 나오죠. 한마디로 에스파냐 경제를 이끌어 가는 지역인 거예요. 이렇듯 에스파냐 경제의 핵심 축이지만 카탈루냐 지방은 국가에 대한 소속감이 크지 않아요. 이 지역은 아라곤왕국이라는 중세 국가에 뿌리를 두고 있어요. 반면에 수도 마드리드를 포함한 에스파냐 지역 대부분은 카스티야왕국에 뿌리를 두고 있죠. 15세기 결혼 동맹을 통해 두 왕국이 합쳐지면서 우리에게 익숙한

Barcelona

지금의 에스파냐로 거듭났답니다. 다시 말해 카탈루냐 지방은 오랜 기간 독립국가로 존재한 거예요. 카스티야왕국의 역사를 이어받은 지역과 쓰는 언어도 향유하는 문화도 다르기에, 에스파냐에 소속감이 적을 수밖에 없죠. 실제로 이 지역 사람들은 자신들을 에스파냐 국민보다 카탈루냐 주민으로 소개하는 경우가 많다고 해요.

축구에 진심, 독립에도 진심

무역과 공업이 발달해 부유한 카탈루냐는 다른 지역보다 세금을 많이 내는 편인데요, 이 돈이 카탈루냐를 위해 사용되지 않고 빈곤한 남부 지방의 복지나 개발 비용으로 쓰이고 있다며 중앙정부에 불만을 품은 사람이 많아요. 문화 정체성도 다르고, 경제적으로 차별받는다는 박탈감도 느끼다 보니 예부터 카탈루냐에서는 분리 독립 운동이 심심찮게 일어났어요. 2017년에는 분리 독립을 결정하는 주민 투표를 실시해 중앙정부와 크게 갈등을 빚기도 했죠.

당연히 에스파냐 중앙정부가 있는 수도 마드리드와 사이가 좋을 리 없겠죠? 카탈루냐를 대표하는 도시 바르셀로나와 마드리드는 오랜 앙숙으로 유명하답니다. 두 도시의 적대적인 관계는 에스파냐 프로 축구 리그인 프리메라 디비시온(라리가)에서도 그대로 드러나요. 바르셀로나의 프로 축구팀 FC 바르셀로나와 마드리드의 프로 축구팀 레알 마드리드 CF가 불꽃 튀는 라이벌로 유명하죠. 두 팀의 경기를 칭하는 단어(엘 클라시코)가 따로 있을 정도랍니다.

이 둘 모두 세계적인 축구팀이지만 저는 바르셀로나 FC에 더 애정이 갔어요. 축구의 신 메시가 오랫동안 몸담은 팀이기도 하거니와 중앙정부에 대항하겠다는 카탈루냐 사람들의 염원이 담겨 열정이 불타오르는 팀처럼 느껴졌거든요. 공항에서 내려 바르셀로나 시내로 들어온 저는 먼저 FC 바르셀로나의 홈구장 '캄 노우'로 향했어요. 세계적인 축구팀의 홈구장인 만큼 캄 노우는 크기부터 남다른데요, 유럽 대륙에서 가장 큰 축구 전용 경기장이랍니다.

시내 골목을 이리저리 누비며 캄 노우로 향하던 중 특이한 깃발이 제 눈에 띄었어요. 빨간색과 노란색 줄무늬로 이루어진 배경에, 왼쪽에는 파란색 삼각형과 하얀 별이 그려진 깃발이었죠. 빨간색과 노란색 줄무늬로 이루어진 깃발은 과거 아라곤왕국의 국기였어요. 현재는 카탈루냐 지역을 상징하는 깃발로 통하죠. 전통적인 카탈루냐 깃발에 별과 삼각형이 더해진 것은 카탈루냐의 독립을 상징하는 깃발 '에스텔라다'인데요, 카탈루냐 독립을 강하게 지지하는 분리주의자들은 집 앞에 이를 걸어 두곤 한답니다.

캄 노우에 당당히 적힌 문구, '클럽 그 이상'.

　바람에 휘날리는 에스텔라다를 뒤로한 채 캄 노우에 들어서
는데 기분이 이상했어요. '내가 단순히 스포츠로 즐기던 축구 경
기가 카탈루냐 사람들에게는 지역의 자존심을 건 일생일대의 승
부겠구나!'라는 생각이 들었거든요. 캄 노우 관중석에 큼지막하
게 적힌 'Mes Que Un Club(클럽 그 이상)'이라는 말처럼 이들에게
FC 바르셀로나는 지역을 대표하는 축구팀 그 이상일 거예요.

저는 경기장 곳곳을 직접 눈에 담고 싶어서 투어 프로그램을 신청했는데요! 경기장 투어를 시작하자마자 휘황찬란하게 전시되어 있는 수많은 우승 트로피들이 눈을 사로잡았어요. 전시된 트로피들 뒤로는 FC 바르셀로나를 거쳐 간 수많은 전설적 선수들이 유럽 최고의 축구팀에만 허락된다는 챔피언스리그 우승컵 '빅 이어'를 들어 올리며 환호하는 사진이 걸려 있었죠. 이 모습이 FC 바르셀로나가 진정한 명문 팀임을 강렬하게 보여 주고 있었습니다.

락커룸과 기자실을 지나 푸른색 그라운드로 나왔습니다. 직접 경기를 못 보는 대신 객석에 앉아서 VR기기로 실제 경기가 펼쳐지고 있는 캄 노우의 모습을 간접적으로나마 체험할 수 있었어요. 실제 이곳에서 경기를 본다면 과연 어떤 기분일까 잠시 상상해 봤답니다.

카탈루냐가 낳은 천재 건축가

바르셀로나를 이야기할 때 빠지지 않는 주제가 하나 더 있어요. 바로 건축가 안토니오 가우디죠. 매년 수많은 관광객이 그가 설계하고 건축한 작품을 감상하기 위해 바르셀로나로 향한답니다. 가우디는 카탈루냐의 조그만 소도시에서 나고 자랐는데요, 구엘 백작이라는 평생의 후원자를 만나 카탈루냐의 중심 도시 바르셀로나에서 작품 활동을 해 나갔답니다.

바르셀로나가 가우디의 도시로 통하다 보니 가우디와 관련된 관광 프로그램도 수없이 많았어요. 저는 그중에서 대중교통을 타고 도시 이곳저곳을 누비며 가우디의 건축물을 감상하는 투어 프로그램을 신청했죠. 가우디의 첫 작품인 레이알 광장의 가로등에서 시작한 여정은 구엘 백작의 지원을 받아 만든 구엘공원으로 이어졌어요. 이후 가이드의 안내에 따라 도심 한가운데 위치한 가우디의 대표 작품, 카사 바트요와 카사 밀라로 이동했죠.

가우디는 건축에 곡선을 아름답게 녹여 낸 예술가예요. 직선을 중시한 그 당시 주류 건축양식에서 벗어나 자신만의 길을 개척했죠. 가우디는 카탈루냐의 대자연에서 영감을 얻었다고 해요. 곰곰이 생각해 보면 자연에는 직선적인 것들이 거의 없잖아요? 높은 산도 너른 강도 모두 곡선으로 이루어져 있죠. 가우디는 대자연이 지닌 곡선의 부드러움에 주목했던 거예요. 그래서인지 저는 그의 작품을 바라보며 신비로움과 함께 편안함을 느낄 수 있었답니다.

가우디는 카탈루냐의 문화에서 영감을 얻기도 했어요. 예를 들어 가우디가 조셉 바트요의 의뢰를 받아 리모델링한 주택인 카사 바트요는 카탈루냐 지역에서 전해 내려오는 산 조르디 전설을 모티브로 하고 있어요. 산 조르디 전설은 사람들에게 해를 끼치

카사 밀라의 옥상 전경. 카사 바트요를 보고 감탄한 페레 밀라의 의뢰로 설계된 대단지 빌라가 카사 밀라이다.

고 공주를 제물로 삼은 흉포한 용을 산 조르디라는 용사가 해치운 이야기인데요, 세라믹 타일로 꾸민 카사 바트요 지붕은 용의 반짝이는 비늘을 상징한답니다. 해골 모양의 테라스는 용에게 희생당한 사람을 형상화한 것이고요. 이처럼 가우디의 건축에는 그가 발 딛고 살았던 카탈루냐가 고스란히 담겨 있어요.

다시 한번 바르셀로나

투어의 하이라이트는 단언컨대 사그라다 파밀리아였어요. 사
그라다 파밀리아는 가우디가 설계하고 40여 년에 걸쳐 모든 열정
을 쏟은 가톨릭 대성당이에요. 가우디의 역작이자 바르셀로나의
상징과도 같죠. 지하철역에서 내려 사그라다 파밀리아를 가까이
서 봤을 때의 감동은 이루 말할 수 없답니다. 험준한 산맥이나 거
대한 바다 같은 대자연 앞에 서면 저절로 경외감이 생기잖아요?
저는 그 감정을 사그라다 파밀리아 앞에서 느꼈답니다.

가우디는 사그라다 파밀리아를 자신의 마지막 역작으로 남기
려 했지만, 안타깝게도 이 놀라운 건축물이 완공되기 전에 사고
로 세상을 떠나고 말았습니다. 건설이 한창이던 도중 가우디는
길을 건너다 전차에 치이고 말았는데, 유명세에 비해 너무도 허
름한 행색 때문에 아무도 가우디를 알아보지 못하고 내버려 두었
다고 해요. 결국 이송되긴 했지만 병원에서도 치료비를 받지 못
하리라는 생각에 그를 방치했고, 결국 이 위대한 건축가는 사고
사흘 만에 뒤에 숨을 거두었죠. 이 사실이 알려지자 바르셀로나
는 슬픔에 잠겼어요. 바르셀로나와 스페인을 넘어 세계적으로 이
름을 떨치고 있는 건축가로서는 너무나 허망한 죽음이었습니다.

비록 가우디는 자신의 계획을 끝내 이루지 못했지만, 후대 예
술가들이 사그라다 파밀리아의 건축을 오늘날까지 이어 오고 있

한창 건설 중인 사그라다 파밀리아.

어요. 그래서 가우디가 직접 지은 성당의 전면과 조각가 조셉 마리아 수비라치가 만든 후면의 분위기가 많이 다르죠. 가우디가 디자인한 전면은 마치 촛농이 흘러내리는 듯 물결치고 있는 무늬가 인상적인데, 그 불규칙함 속에서도 신선한 규칙과 탁월한 아름다움이 돋보입니다. 후대 건축가 및 예술가들이 디자인한 후면은 전면과는 달리 상대적으로 직선을 강조하면서도 부드러운 느낌이 인상적이었어요.

저의 첫 바르셀로나 여행을 한마디로 정리하면 '카탈루냐의 어제와 오늘을 본 시간'이었어요. 먼 과거 아라곤왕국에서 시작해 오늘날 카탈루냐가 에스파냐로부터 독립하려는 배경까지 단번에 알 수 있었으니까요. 카탈루냐의 어제와 오늘이 담긴 예술도 실컷 만끽했고요.

사그라다 파밀리아는 가우디 서거 100주년인 2026년 완공을 목표하고 있어요. 완성된 사그라다 파밀리아를 두 눈에 담기 위해 저는 또다시 이 도시를 찾을 거예요. 미래의 바르셀로나, 내일의 카탈루냐는 어떤 풍경으로 저를 반겨 줄까요?

가우디와 다스베이더

가면 쓴 악당을 연상시키는 카사 밀라의 굴뚝.

'바르셀로나는 축구와 가우디가 먹여 살린다'는 우스갯소리가 있죠. 실제로 수많은 여행객이 FC 바르셀로나의 경기와 더불어 안토니오 가우디의 건축물을 보기 위해서 바르셀로나에 방문합니다. 가우디의 건축물은 당대의 다른 건물들과 달리 곡선을 강조한 디자인이 특징적인데요, 그런 면에서 대표적인 건축물이 '카사 밀라'입니다. 카사 밀라는 건축 의뢰인의 이름을 따서 '밀라의 집'이라는 의미로 붙은 이름이에요. 채석장이라는 의미의 '라 페드레라'

로도 불리는데, 이는 멀리서 건물을 보면 커다란 바위나 암벽을 깎아 놓은 것처럼 보인다고 해서 붙은 별명입니다.

마치 우주에서 온 듯한 이 건축물은 훗날 세계적인 SF 영화로 남는 영화 《스타워즈》에 지대한 영향을 미치게 됩니다. 스타워즈 시리즈의 감독 조지 루카스가 바르셀로나를 여행하던 중 카사 밀라를 보고 영감을 받아 하나의 캐릭터를 탄생시켰거든요. 바로 스타워즈에서 가장 인기 있는 악역, '다스 베이더' 말이에요. 그가 카사 밀라의 옥상에 있는 독특한 모양의 굴뚝을 보고 영감을 얻어 스타워즈 시리즈의 상징적 악역인 '다스 베이더'와 '스톰트루퍼'의 헬멧 디자인이 탄생했다고 합니다.

콘크리트와 철근을 사용하여 직선을 강조한 건물이 우후죽순 생겨나던 20세기 초에, 곡선을 강조하고 비정형적인 가우디의 작품은 그야말로 충격이었습니다. 특히 카사 밀라의 특이한 구조는 건축가들에게는 신선한 충격을 줬지만 일반인들 사이에서는 조롱의 대상이 되는 등 극단적인 평가를 받았죠. 하지만 틀에 박힌 양식을 따르지 않고도 아름답고 실용적인 건축이 가능하다는 걸 증명했다는 점에서 카사 밀라는 건축학적 의의를 인정받아 1984년 유네스코 세계문화유산으로 지정되었답니다.

국경,
그거 누가
정하는 건데?

: 합병 및 편입의 역사와 문화적 고유성

Key-word
전횡적 경계 / 고유성 / 지역성

1부에서 살펴본 네 도시 라싸, 에든버러, 호놀룰루, 바르셀로나는 다양한 이유로 각자가 속해 있는 국가와 구별되는 특징을 갖고 있습니다.

시짱 자치구로도 불리는 중국 티베트 자치구의 수부首府 도시 라싸는 비록 중국의 서부 개발로 한족 인구가 대거 유입되면서 중국 본토 문화와의 경계가 흐려지고 있긴 하지만, 그럼에도 불구하고 과거 토번으로부터 이어져 오는 티베트 불교의 전통 문화를 간직하고 있어요. 스코틀랜드의 수도 에든버러 역시 18세기 잉글랜드에 합병되며 대영제국의 일부가 되었지만, 1,000년 동안 이어져 오는 자유를 향한 투쟁의 역사와 고유한 문화적 정체성은 스코틀랜드인의 마음속에 고스란히 남아 있죠. 카탈루냐의 중심으로도 불리는 FC 바르셀로나는 수도 마드리드를 대표하는 레알 마드리드 CF와 세계적인 축구 라이벌전 경기 '엘 클라시코'를 벌이며, 카탈루냐의 정체성을 드러냄과 동시에 전 세계의 축구 팬들을 흥분시킵니다. '알로하 스테이트' 하와이는 미국에 편입된 이후 본국의 자본주의, 의회 제도를 적극적으로 받아들이며 미국의 50개 주 중 하나

세계에서 가장 뜨거운 축구 라이벌 경기 '엘 클라시코'.

가 되었지만, 태평양 한가운데 위치한 화산
섬이라는 지리적 특성상 미국 본토와는 구
별되는 독특한 문화를 간직하고 있습니다.

에든버러에 위치한 경제학의 아버지
애덤 스미스 동상.

비슷한 세계의
다른 도시들

이처럼 '같은 나라인데 다른' 도시들에는 몇
가지 공통점이 있어요. 우선 이 도시들은 국
가의 중심이 되는 도시, 즉 수도와 물리적으
로 상당히 멀리 떨어져 있습니다. 한 국가의
수도는 역사적, 정치적, 문화적 중심에 해당
하기 때문에 자연스럽게 국가의 정체성이
짙게 드러나죠. 반면 중심부에서 멀리 떨어
진 외곽 지역 도시의 경우 수도에서 미치는
영향력이 비교적 약한 덕분에 독특한 특성
을 갖는 경우가 많습니다. 에든버러가 '북방
의 아테네'로 불리며 고유한 문화를 발전시
킨 것 역시 런던과 멀리 떨어져 있는 덕분
에 잉글랜드 중심의 영국 문화와는 다른 독
특한 문화가 형성되어 왔기 때문이죠. 하와
이가 독특한 문화를 간직하고 있는 것도 오
랜 기간 독립적인 문화를 유지하다가 비교
적 최근 미국에 편입되었기 때문이기도 하
지만, 지리적으로 미국 본토와 수천 킬로미
터 떨어져 있다는 점이 주요한 원인이에요.
에스파냐의 북동부 지중해에 접해 있는 바
르셀로나와 중국 서부의 끝자락에 위치한
라싸 역시 각각 수도인 마드리드, 베이징과
는 멀리 떨어져 있습니다.
또 하나의 공통점은 네 도시 모두 오랜 기

간 자신만의 문화를 유지해 오다 새로운 국
가가 탄생하거나 국가를 확장하던 시기에
인위적으로 편입되었다는 거예요. 티베트
는 20세기 중반 국공내전에서 중국공산당
이 승리한 이후 중화인민공화국에 편입되
며 시짱 자치구가 되었습니다. 카탈루냐는
18세기 에스파냐의 왕위를 두고 벌어진 전
쟁에서 오랜 기간 라이벌이었던, 카스티야
지방을 중심으로 한 에스파냐왕국에 바르
셀로나를 점령당했고, 결국 아라곤왕국으
로부터 유지해 오던 자치권을 잃어버렸어
요. 스코틀랜드와 하와이 역시 오랜 기간 독
자적인 문화를 지니고 있었지만 '해가 지지
않는 나라'로 불리던 영국과 제2차 세계대
전 이후 세계 최강대국으로 급부상한 '천조
국' 미국에 각각 합병당하고 맙니다. 물론

네 도시는 오랜 기간 끈질긴 저항을 했지만 결국 강대국의 힘 앞에 무릎 꿇고 편입될 수밖에 없었죠.

이처럼 힘에 의한 지배를 경험한 지역 혹은

한참 타르초에 새겨진 문자와 티베트 불교의 정신에 대해서 이야기를 나누던 중 찻집으로 공안이 들어왔고, 우리는 마치 죄라도 지은 것처럼 급히 책과 타르초를 숨겨야 했

15세기경 카스티야왕국(주황색)과 아라곤왕국(빨간색)의 영토.

도시들은 그들의 역사와 정체성을 지키기 위해 필사적으로 저항하며 독립을 향한 꿈을 키웠습니다. 오랜 기간 포기하지 않고 독립운동에 몸을 바치거나, 분리 독립을 위한 국민투표를 실시하기도 해요. 그 결과 자치권을 인정받거나 의회가 설립된 경우도 있죠. 뿐만 아니라 자신들의 언어, 역사에 대한 연구와 교육에 힘쓰며 고유한 정체성을 지켜 내고자 해요. 제가 티베트 라싸 여행 중 전통 찻집에서 만났던 청년은 일을 하면서 틈틈이 티베트의 문화와 역사에 대해 공부하고 있었습니다. 그는 티베트 문화가 점점 사라져 가는 것을 안타까워하고 있었고, 대학에서 이를 깊게 연구하고 싶어 했어요.

죠. 100년 전 일제강점기에 한글을 연구하던 학자와 우리 역사를 공부하던 청년들도 이와 비슷한 일을 겪었을 것이라고 생각하니 시간과 공간을 뛰어넘는 공감대가 형성되었습니다.

지역성을 무시한 채 그어진 국경

식민 지배 한 강대국이 멋대로 그은 국경선 때문에 같은 국가이면서도 서로 언어와 문화, 심지어는 민족이 달라서 갈등을 겪는 국가들도 있습니다. 대표적인 사례로 아프리

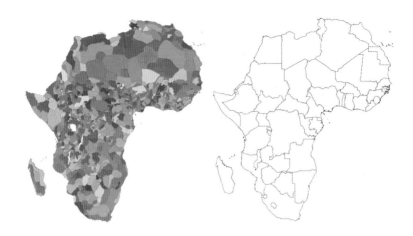

수많은 아프리카의 민족 분포(왼쪽)와 자로 잰 듯한 아프리카의 국경(오른쪽).

카의 국가들을 들 수 있는데요, 수백 개가 넘는 부족이 각자 고유한 영토와 문화를 가지고 살던 아프리카에, 19세기 말 유럽 열강이 침략해 와 그들의 민족적 경계는 무시하고 자신들의 편의에 따라 자로 잰 듯 국경을 정했죠. 그로 인해 종교도 언어도 다른 부족들이 강제로 하나의 국가로 묶이게 되었고, 당연하게도 수많은 갈등이 발생하게 됐어요. 지금까지도 아프리카에 끊이지 않는 분쟁의 근본적 원인이 19세기 유럽 열강의 국경 획정이라는 사실을 누구도 부정할 수 없을 거예요. 이처럼 지역마다 자연스럽게 형성되어 있던 민족 분포와 고유한 문화 등을 무시하고 자의적으로 설정되는 국경을 '전횡적 경계'라고 합니다.

그럼에도 불구하고 한 국가에 편입된 도시들은 자신만의 고유한 정체성, 즉 '지역성

Locality'을 유지했어요. 그리고 그 지역성 덕분에 이 도시들은 한 나라에 속하면서도 그 나라와는 차별되는 독특한 문화와 색다른 경관을 지니게 되었습니다. 이런 지역성은 때로는 국가의 중심부, 주류 문화에 의해 억제와 차별의 대상, 혹은 융합의 대상이 되기도 하지만, 동시에 그 독특함의 가치를 인정받아 특색 있는 관광 상품과 같은 문화 콘텐츠로 발전하기도 합니다. 태평양 한가운데 위치한 하와이는 미국과 구별되는 자연환경과 특유의 열대기후 문화로 전 세계 사람들이 꿈에 그리는 휴양과 신혼여행의 메카가 되었고, 에스파냐의 구석에 위치한 바르셀로나는 축구와 건축을 비롯하여 특색 있는 카탈루냐 문화를 바탕으로 수도인 마드리드보다 오히려 더욱 많은 사람들이 찾아오는 관광도시가 되었죠. 잉글랜드와 차

신혼여행의 메카 하와이 호놀룰루 쇼핑 거리.

별되는 스코틀랜드 문화를 간직한 에든버러 역시 에든버러성과 같은 역사적 건축물과 독특한 경관, 프린지 페스티벌과 같은 문화 콘텐츠 덕분에 많은 관광객이 찾고 있고, 달라이 라마를 지도자로 두고 티베트 불교의 고유한 정신과 웅장하면서도 신비한 포탈라궁을 간직하고 있는 라싸 역시 관광지로서 무한한 가능성이 있어요.

중심 대 주변의
끝없는 긴장

그럼 이 네 도시들과 비슷한 성격을 지닌 세계의 다른 도시들에 대해서도 알아볼까요? 우선 스코틀랜드는 영국의 다른 지역에 비해서 경제적으로 발전된 지역으로, 에든버러는 런던 다음으로 주민들의 평균 소득이 높은 도시예요. 에든버러와 비슷한 사례로 이탈리아 북부 지역의 토리노와 밀라노 같은 도시를 꼽을 수 있는데, 이들은 수도 로마를 기준으로 남쪽에 위치한 도시들에 비해 경제적으로 월등하게 발전되어 있습니다. '파다니아'로 불리는 이 북부 지역은 제조업이 발달해 명품 의류와 고급 자동차 등을 전 세계로 수출하는 반면, 나폴리, 살레르노와 같은 남부 도시들은 제조업 발달이 미약하고 1인당 GDP도 이탈리아 평균에 훨씬 못 미쳐요. 이 때문에 북부 이탈리아 지역은 자신들의 세금이 남부 이탈리아 지역에 사용되는 것을 못마땅하게 생각하고, 더 나아가 이탈리아에서 독립을 하고 싶어 해요.

카탈루냐의 바르셀로나처럼 언어와 문화가 달라서 갈등을 빚는 지역도 있습니다. 캐나다 퀘벡주가 대표적인데요, 영국의 지배를 받은 다른 지역과는 달리 퀘벡주는 프랑스의 지배를 받았기 때문에 오늘날에도 프랑스어를 공용어로 사용해요. 이 때문에 캐나다의 모든 도로 표지판이나 공공기관의 안내문, 그리고 제품의 설명란 등에 영어와 프랑스어가 함께 표기되어 있습니다. 퀘벡주의 최대 도시 몬트리올은 아메리카 북부의 다른 도시와는 구별되는, 매우 유럽적인 경관이 나타나기도 해요. 경제적으로도 매우 발달한 퀘벡 지역에는 자신들의 이익을 대변하는 정당이 존재할 뿐 아니라 언어, 문화에 대한 정체성도 매우 뚜렷하여 캐나다에서 분리 독립 하자는 주장이 지속적으로 제기되고 있습니다.

하와이처럼 근대국가가 발전하는 과정에서

북아메리카에서 가장 유럽을 닮은 도시 몬트리올.

편입된 다른 지역도 있습니다. 일본의 최북 단 섬 홋카이도에 위치한 삿포로는 과거 아 이누족의 땅이었어요. 삿포로札幌라는 지명 은 '메마른 강바닥'을 뜻하는 아이누어를 음 차한 것에서 유래했죠. 삿포로는 남쪽 혼슈 에 살던 일본인들이 메이지유신 이후 홋카 이도를 본격적으로 정복하면서 만든 계획 도시입니다. 하와이의 원주민이 그랬던 것 처럼 홋카이도의 아이누족도 점차 일본에 동화되었어요. 하지만 여전히 아이누의 문 화와 특색이 도시 곳곳에 남아 있고, 겨울 내내 엄청나게 내리는 눈을 활용한 축제를 비롯해 일본의 다른 지역과 구별되는 특색 에 이끌려 많은 관광객이 유입되고 있는 곳 입니다.

그 밖에도 언어와 문화가 서로 다른 벨기에 의 북부 플랑드르와 남부 왈롱 지방, 본국과 인문·자연 환경이 너무 달라 광범위한 자치 권을 인정받은 덴마크령 그린란드 등을 '같 은 나라지만 다른' 지역의 사례로 들 수 있 어요.

교통과 통신이 발달하면서 전 세계가 이어 졌고, 하나의 경제체제 안으로 통합됐어요. 이와 같은 세계화로 인해 세계 여러 국가들 의 다양한 문화는 점차 특색이 흐릿해지면 서 비슷해져 가고 있죠. 그렇기 때문에 역설 적으로 세계화 시대에는 확고한 지역적 특 색이 이전보다도 큰 가치를 지니게 됩니다. 세계가 점점 동질화되는 가운데 독특한 지 역색은 문화 콘텐츠의 형태로 상품화되기 도 하고, 여행지로서 세계의 많은 사람들을 불러 모으기도 합니다. '같은 나라지만 다 른' 도시들은 오랜 기간 '중심'에 의해 지배 를 당했지만 자신만의 정체성을 잃지 않았 고, 그 덕분에 오히려 독특하고 가치 있는 '주변'으로 거듭나게 된 거예요.

2부

여긴
근본이지~

오랜 중심 도시가 품은 이야기

GATE 5

유럽 한가운데의 터줏대감

Prague

도착지   **프라하**

국가	체코
면적	496km²
해발고도	172~399m
인구	약 138만 명
특징	유로 대신 자국 화폐 '코루나' 사용
	'프라하의 봄'의 배경

8,270km
Seoul – Prague

몇 년 전 12월 크리스마스 무렵, 저는 독일에서 기차를 타고 체코 프라하로 향했어요. 독일 뮌헨역에서 야간열차를 탄 뒤, 잠든 사이 독일과 체코의 국경을 넘었지만 별다른 여권 검사도 하지 않았죠. 두 나라 모두 유럽연합(EU) 회원국이어서 비자 발급이나 출입국 심사 없이 자유롭게 국경을 넘나들 수 있거든요.

하나로 똘똘 뭉친 유럽

EU는 유럽 여러 나라들이 뭉쳐 만든 정치 및 경제 통합 기구예요. 스위스, 노르웨이, 아이슬란드 등 일부 국가를 제외하고 프랑스, 이탈리아, 독일, 체코 등 유럽 27개국이 공동으로 경제 및 외교 정책을 수립하고 시행하죠. 화폐만 봐도 이를 쉽게 알 수 있는데요, 대부분의 EU 회원국은 '유로'라는 단일 화폐를 사용합니다. 예컨대 이탈리아와 독일은 쓰는 언어도 공유하는 문화도 다른데, 사용하는 돈은 유로로 똑같은 거예요. 그만큼 EU 회원국들이 경제적으로 서로 밀접히 연관돼 있다는 뜻이지요.

덴마크 — 리투아니아 벨라루스 폴란드 독일 프라하 체코 슬로바키아 우크라이나 오스트리아 헝가리 몰도바 프랑스 스위스 슬로베니아 크로아티아 루마니아 보스니아 헤르체고비나 세르비아 이탈리아 몬테네그로 — 불가리아 네덜란드 벨기에 룩셈부르크 영국

동유럽과 서유럽이 맞닿는 길목에 위치한 체코.

여기에 더해 EU 회원국 안에서는 국경이 큰 의미가 없습니다. 앞서 제가 여권 검사 없이 독일과 체코의 국경을 넘었다고 했죠. 이는 1985년 EU 회원국 간 활발한 인적 교류를 위해 체결한 셴겐 조약 덕분이에요. 이 조약을 맺은 국가 간에는 출입국 심사도 세관이나 여권 심사도 필요가 없죠. 이뿐만 아니라 EU 회원국은 민주주의 채택과 사형제 폐지 등을 규정한 공통의 법을 따르면서 정치 및 사회적으로도 끈끈하게 결속돼 있답니다. 마치 하나의 나라처럼 말이에요!

Prague

프랑스 스트라스부르의 제1의사당에서 열리는 EU 의회의 모습.

유럽 공동체를 만들고자 하는 움직임은 제2차 세계대전 이후
부터 본격화됐어요. 전쟁을 겪은 유럽 여러 국가들이 경제 부흥
을 위해 힘을 합치면서 말이지요. 그 시작은 프랑스, 서독, 이탈
리아, 벨기에 등 6개국이 모여 주요 자원인 석탄과 철을 관리하
는 유럽석탄철강공동체(ECSC)를 출범시키면서부터였습니다. 이
후 ECSC는 유럽 내 여러 경제 공동체와 통합해 유럽공동체(EC)
로 발전했지요. 그리고 EC에 속한 국가의 정상들이 보다 공고한
경제 및 정치 통합을 약속하는 마스트리흐트조약을 체결하면서,
1993년 강력한 경제 동맹 EU가 출범하게 됐답니다. 이번 여행의
목적지인 체코는 2004년 EU에 정식으로 가입했지요.

유럽연합은 맞지만 유로존은 아니야!

프라하 중앙역을 나오니 환전소가 즐비했어요. 유로를 체코 화폐인 코루나로 바꿔 주는 환전소들이었죠. 아니, 방금까지 EU 회원국은 유로를 사용한다고 했는데 환전소가 왜 필요하냐고요? 놀랍게도 체코는 EU에 속하지만 유로를 사용하지 않아요. 체코 뿐만 아니라 중부 유럽의 폴란드와 헝가리 등도 EU 회원국이지만 유로를 사용하지 않죠. 몇 년 전 EU를 탈퇴한 영국 또한 탈퇴 전까지 자국 화폐인 파운드를 고집했고요.

유로를 국가 통화로 사용하는 국가들을 한데 묶어 '유로존'이라고 하는데요, 유로존에 들어가기 위해서는 일정한 조건을 충족해야 합니다. 국가의 부채가 많지 않아야 하고 물가도 안정된 수준을 유지해야 하죠. 그럼 체코가 이 조건을 충족하지 못하냐고요? 그건 아닙니다. 서유럽과 동유럽 사이에 위치한 체코는 오래 전부터 교역이 발달했어요. 그중에서도 체코 프라하의 구시가지는 동유럽과 서유럽 간 무역의 중심지였고, 구시가지와 프라하성을 잇는 카를교는 주요한 교역 경로 중 하나였지요. 더불어 현재 체코는 산업 강국 독일과 인접한 덕분에 자동차 산업을 비롯한 제조업이 안정적으로 발전해 있답니다.

모든 조건을 충족함에도 체코가 유로존에 들어가지 않은 이유는 국민들의 반감이 크기 때문이에요. 사실 유로는 양날의 검

같은 화폐거든요. 자국의 경제 상황이 안정적이더라도 유로존 내 다른 국가의 경제 상황이 불안정해지면 덩달아 위태로워지기 십 상이죠. 이탈리아나 에스파냐 등 유로존 내 만성적인 적자에 시 달리는 국가를 도와줘야 할 의무도 생기고요. 이뿐만 아니라 유로 도입으로 물가가 갑자기 오를 위험도 있기에 체코는 EU에 가입한 지 20년이 다 되어 가지만 아직도 자신들만의 화폐를 사용한답니다. 하나의 유럽과 반대되는 행보가 신기하다고 생각하며 저는 독일에서 가져온 유로를 모두 코루나로 환전했어요.

둘로 나뉜 유럽 대륙

가장 먼저 향한 곳은 프라하 최고의 번화가 바츨라프 광장이 었어요. 지금은 쇼핑몰, 기념품 가게, 호텔이 즐비해 있지만 이곳 은 한때 시민들이 공산주의 정권에 대항해 민주화를 부르짖던 저 항의 장소였답니다.

제2차 세계대전은 유럽 대륙을 둘로 갈라놓았어요. 나치 독일 을 중심으로 한 추축국과 프랑스, 영국 등을 중심으로 한 연합국 으로 말이지요. 1945년 연합국의 승리로 전쟁은 종식됐지만 분열 된 유럽이 봉합되진 않았어요. 원인은 이념 갈등, 그러니까 자본 주의를 대표하는 미국과 공산주의를 지향하는 소련의 대립이었

체코 민주화 운동의 중심이자 프라하의 최고 번화가 바츨라프 광장.

죠. 세계의 패권을 차지하기 위해 미국은 서유럽 자본주의국가들을 지원했고, 소련은 동유럽 국가들에 공산주의 정권이 들어서는 걸 도왔습니다. 아직 이웃 나라 슬로바키아와 분리(1993년)되기 전, 당시 소련의 영향력 아래 있던 체코슬로바키아에는 자연스레 공산주의 정권이 자리 잡았고, 체코를 경계로 동유럽과 서유럽 사이에는 철의 장막이 세워졌지요.

1947년 미국은 전쟁으로 폐허가 된 유럽을 재건한다는 목적 아래 마셜플랜을 실행했습니다. 여기에는 미국의 유럽 내 영향력

을 키워 공산주의 확장을 막겠다는 속셈도 담겨 있었죠. 마셜플랜에 따라 총 133억 달러의 엄청난 경제적 지원을 받은 서유럽 국가들은 빠르게 전후 상황을 극복했어요. 소련도 이를 두고 보지만은 않았습니다. 마셜플랜에 대항하기 위해 코메콘이라는 경제 협력 기구를 설립하고 체코를 비롯한 동유럽 국가들을 지원했지요. 하지만 시간이 흐를수록 서유럽과 동유럽의 경제적 격차는 벌어졌고, 여기에 공산주의 정권의 억압적인 통치까지 더해지며 동유럽 사람들의 불만은 점차 커져만 갔습니다. 그중에서도 서유럽 국가와 국경을 맞댄 체코 국민들의 불만은 극에 달했고요.

결국 1960년대부터 체코에 민주화 운동이 일어나기 시작했어요. 이때 사람들이 집결했던 장소가 앞서 말한 바츨라프 광장이었죠. 광장에 모인 사람들은 민주화를 요구하는 시위와 집회를 끊임없이 벌였고, 결국 1968년 정부로부터 언론 및 집회의 자유 그리고 자본주의와 민주주의 도입을 약속받기에 이릅니다. 이를 '프라하의 봄'이라고 해요. 하지만 프라하의 봄은 오래가지 못했습니다. 소련은 위성국 체코가 공산주의 진영에서 벗어나는 걸

용납하지 않았거든요. 소련은 전차 부대를 체코로 진군시키고 민주화를 외치던 시민들을 무력으로 진압했습니다. 결국 체코에는 다시 공산주의 정권이 들어서게 됐죠.

무너진 철의 장막

프라하의 봄은 실패로 돌아갔지만 절대 헛되지 않았어요. 그로부터 21년 뒤인 1989년, 프라하의 봄이 일어났던 바츨라프 광장에서 대규모 시위가 발발하며 결국 공산주의 정권이 무너지고 말았으니까요. 사망자 한 명 없이, 비교적 부드럽게 사회 개혁이 성공했다는 의미에서 이 사건을 '벨벳 혁명', 혹은 '신사 혁명'으로 부르곤 해요. 이후 여러 동유럽 국가에서 민주화 운동이 전개되고, 1991년 소련이 해체되면서 냉전은 비로소 종식되었지요. 한마디로 프라하의 봄은 동유럽 민주화 운동의 도화선이자 유럽 대륙을 갈라놓은 철의 장막을 무너뜨린 계기였답니다.

바츨라프 광장 근처에는 민주화 운동의 흔적을 느낄 수 있는 장소가 있는데요, 바로 레논 벽이에요. 세계적인 록 그룹 '비틀즈'의 멤버 존 레논이 1980년 암살당한 뒤, 몇몇 사람들이 프라하 거리의 한 벽에 그의 얼굴이나 비틀즈 노래 가사를 그려 놓으면서 탄생했죠. 이후 벽에는 자유, 평화, 투쟁을 표현한 글과 그림이 늘어났고, 존 레논을 기리는 벽은 체코 민주화 운동의 상징으로 거듭났어요. 바츨라프 광장과 마찬가지로 수많은 시민들이 이곳에 모여 공산주의 정권 철폐를 요구하는 시위를 벌였죠. 민주화를 이룩한 현재, 레논 벽에는 공산주의를 향한 비판보다는 전쟁 반대와 세계 평화를 나타내는 그림이 주를 이루고 있답니다.

카를교를 건너 프라하성으로

레논 벽과 프라하성을 둘러보러 카를교를 건너가 볼까요? 카를교는 프라하 한가운데 흐르는 블타바강을 가로질러 프라하성과 구시가를 잇는 다리예요. 보헤미아왕국의 국왕이자 신성로마제국의 황제였던 카를 4세에게서 이름을 따 왔죠. 1841년까지 카를교는 블타바강을 가로지르는 프라하 내 유일한 다리였기 때문에, 프라하가 서유럽과 동유럽을 잇는 주요 관문으로서 성장하는 데 큰 역할을 했다고 볼 수 있어요.

카를교는 길이 516미터, 너비 약 10미터의 돌다리로, 16개의 아치로 다리 상판이 지탱되고 있습니다. 다리의 구시가 쪽에 위치한 탑은 고딕 건축양식의 진수를 보여 주는 반면, 다리 위를 장식하는 30개의 조각상은 대부분이 바로크 양식으로 만들어져 있어서 독특한 조화를 이루죠. 이처럼 카를교는 다리로서의 기능뿐

카를교를 건너는 수많은 사람들.

만 아니라 블타바강을 비롯해 강 너머로 보이는 프라하성과 어우러져 환상적인 아름다움을 보여 줍니다.

다리를 건너 레논 벽도 구경하고, 이제 프라하의 상징이자 체코의 상징인 프라하성으로 향했어요. 블타바강 서쪽 언덕 위에 자리하고 있는 프라하성은 단일 건축물이 아니에요. 성 내부와 그 주변으로 로마네스크, 고딕, 르네상스 등 다양한 건축양식이 혼재되어 있지요. 870년 성모마리아성당이 건설된 것을 시작으로 10세기 초 성비투스대성당과 성게오르기우스성당, 12세기 로마네스크 양식의 궁전, 16세기 르네상스 양식 궁전 등이 건설되면서 오늘날과 같은 성채 단지의 모습을 갖추게 되었죠. 오랜 기간에 걸쳐 성터에 새로운 건물들이 하나둘 추가되면서 독특한 형태를 갖게 된 거예요. 그에 더해 규모도 상당히 커서, 세계에서 가장 큰 고성古城으로 기네스북에 등재되어 있답니다.

프라하성 내부는 9세기부터 지어진 웅장한 성당과 궁전을 비롯해 유럽의 아기자기한 모습을 볼 수 있는 작은 골목으로 이루어져 있어 프라하의 옛 모습을 엿볼 수 있어요. 뿐만 아니라 프라하성은 언덕 꼭대기에 위치해 있어서 성벽 위에 오르면 프라하 시내의 전망을 한눈에 내려다볼 수 있습니다. 체코의 왕들과 신성로마제국의 황제들이 이곳 프라하성에서 통치를 했고, 오늘날에는 체코공화국의 대통령 관저가 이곳에 자리하고 있어요.

중세의 흔적을 간직한 프라하 구시가 광장

다시 카를교를 건너 프라하 구시가 쪽으로 향했어요. 프라하는 유럽의 다른 주요 도시들과는 다르게 제2차 세계대전의 피해를 거의 받지 않아서 중세 유럽의 모습을 고스란히 간직하고 있답니다. 그 덕분에 프라하의 구시가는 유네스코 세계유산으로 지정되어 있어요. 11세기부터 프라하에서 이루어진, 유럽의 서부와 동부를 잇는 교역의 주무대가 바로 프라하 구시가 광장이라고 할 수 있죠!

바츨라프 광장과 카를교의 중간에 위치한 구시가 광장은 항상 사람들로 붐빕니다. 특히 크리스마스 기간에 열리는 프라하 크리스마스 마켓은 유럽 내에서도 화려하기로 손꼽혀서, 전 세계에서 모여든 관광객들로 발 디딜 틈이 없을 정도예요. 카를교, 프라하성과 마찬가지로 구시가 광장에서도 고딕 양식, 바로크 양식 등 각양각색의 양식으로 지어진 건축물들을 볼 수 있는데요, 그중에서도 틴성모마리아교회는 14~16세기에 지어진 고딕 양식의 교회로 구시가 광장의 랜드마크 중 하나입니다. 또 구시가 시청 벽면의 천문시계인 프라시스키 오를로이도 빼놓을 수 없죠! 프라시스키 오를로이는 중세 시대인 15세기 초에 제작된 것으로, 현재까지 작동하는 천문시계 중에는 가장 오래된 것이라고 해요. 매시 정각이 되면 시계탑 위의 문이 열리고 인형들이 나와서 움

프라하 구시가 광장에서 열리는 크리스마스 마켓.

직이는데, 광장에 있던 사람들이 이 공연을 보러 모여들곤 합니다.

날이 어두워지자 트리에 불이 하나둘씩 켜지네요. 경쾌한 캐롤과 시끌벅적한 사람들의 목소리가 어우러지면서 도시 전체가 크리스마스의 설렘과 즐거움으로 물들기 시작했어요. 구시가 광장에서 바츨라프 광장까지 길게 이어진 인파 속을 걸으면서 유럽의 한가운데, 이곳 프라하에서 보내는 크리스마스를 마음껏 누려봅니다. 저녁으로는 체코의 족발 요리 콜레뇨와 세계적인 플젠 맥주를 즐겨야겠어요! 그럼, 모두들 메리 크리스마스!

밀란 쿤데라의 참을 수 없는 저항

The
Unbearable
Lightness of
Being

milan
kundera

소설가 밀란 쿤데라(왼쪽)와
그의 대표 소설인 『참을 수 없는 존재의 가벼움』(오른쪽).

명작 소설 『참을 수 없는 존재의 가벼움』을 남긴 세계적 작가 밀
란 쿤데라가 2023년 프랑스 파리에서 세상을 떠났습니다. 밀란 쿤
데라는 작가이자 대학교수로서 오랜 기간 프랑스에서 활동했지만
출신지는 체코예요. 20세기 초 공산주의 체제였던 체코슬로바키
아에서 작곡과 영화를 공부했죠.
쿤데라의 첫 장편소설 『농담』은 큰 인기를 끌었지만 공산주의에
대한 풍자적 내용 때문에 감시를 받게 되었고, '프라하의 봄' 시기

민주화 운동에 참여한 이후에는 공산당에서 추방당한 뒤 탄압을 받게 됐습니다. 결국 1975년, 46세의 나이로 공산 정권의 탄압을 피해 프랑스로 망명했어요.

그리고 1984년, 쿤데라는 대표작 『참을 수 없는 존재의 가벼움』을 발표합니다. 세계적 베스트셀러이면서 영화로도 제작된 이 작품은 그가 프라하의 봄에 직접 참여한 경험을 바탕으로 쓴 책이라고 알려져 있어요. 거대한 역사의 흐름 앞에 흔들리는 주인공들의 이야기를 통해 개인의 운명이란 얼마나 덧없는 것인지 보여 주고자 했죠.

쿤데라의 책은 그가 프랑스로 망명한 이후로도 반체제적인 내용을 담고 있다는 이유로 체코에서 금서로 지정되어 있었습니다. 체코의 공산 정권이 붕괴된 1989년 이후에야 체코 국민들도 그의 소설을 마음 편히 읽을 수 있었죠. 쿤데라는 체코에서 태어났지만 자신의 작품을 프랑스 문학이라고 강조했습니다. "체코 안에서 작가로서의 나는 존재하지 않았다. 작가로서의 나의 조국은 프랑스이다."라고 말하기도 했죠. 2008년에는 체코민족문학상 수상자로 선정됐지만 시상식에 참여하지 않았다고 해요. 결국 그의 국적은 체코의 총리가 직접 찾아와 설득한 끝에 2019년에서야 회복되었답니다.

GATE 6

모든 길이
여기로 통했다
Rome

도착지   **로마**

국가	이탈리아 (라치오주)
면적	1,285km²
해발고도	21m
인구	약 286만 명
특징	로마제국의 중심지
	가톨릭교의 본산

8,989km
Seoul — Rome

'모든 길은 로마로 통한다', '로마에 가면 로마법을 따르라' 등 서양 속 담에는 로마와 관련된 것들이 꽤 많아요. 서구 문명이 발전하는 데 있어 로마가 핵심적인 역할을 했다는 뜻이지요. 이번 시간에는 먼 과거부터 현재까지 도시를 둘러싼 여러 변화를 살펴본 저의 로마 여행기를 들려줄게요!

제국의 흥망성쇠

이탈리아의 수도 로마는 과거 유럽을 비롯해 북아프리카와 서아시아 지역을 호령했던 거대한 로마제국의 중심지였습니다. 지역을 가로지르는 테베레강 인근에서 그 역사가 시작됐죠. 로마 건국신화에는 늑대의 젖을 먹고 자란 쌍둥이 형제 로물루스와 레무스가 등장하는데요, 형제 중 로물루스가 테베레강 인근의 팔라티노 언덕에 나라를 세우고 초대 왕이 되었다고 해요. 건국될 당시만 하더라도 작은 도시국가에 불과했던 로마는 침략과 전쟁을 통해 주변 도시국가를 하나씩 정복하면서 세력을 키웠습니다. 이탈리아반도 중북부를 지배하던 고대국가 에트루리아, 지중해를 호령하던 강대국 카르타고와 마케도니아를 무너뜨리고 지역의 패권을 손에 쥐게 됐죠.

작은 왕국에서 시작해 거대한 제국으로 거듭나기까지 로마는 수많은 변화를 거치는데요, 대표적인 사건으로 기원전 6세기 무렵 귀족과 평민들이 왕을 추방해 공화정을 수립한 일을 꼽을 수 있어요. 이후 왕이 모든 것을 결정하는 것이 아니라 민회에서 나랏일을 논의하고 귀족들이 모인 원로원에서 국가의 정책과 예산을 승인하는 공화정이 정착됐죠. 그러다 기원전 1세기 후반 정치가 옥타비아누스가 '아우구스투스(존엄한 자)'라는 칭호를 받고 원로원의 우두머리가 되면서 로마에는 막강한 권력을 가진 황제가 통치하는 제정 시대가 시작됐답니다. 제정이 들어서고 로마는 최전성기를 맞이합니다. 영토를 확장해 지중해를 에워싸는 대제국으로 성장했으며, 수많은 점령지에서 거둔 물자들로 풍요로움을 누렸죠.

이런 로마의 황금시대를 가능케 한 일등 공신이 있으니, 바로 도로예요. 고대 로마는 정복한 영토로 빠르게 군사를 보내고 물류를 주고받기 위해 도로 체계를 구축했어요. 마차나 수레가 손쉽게 이동할 수 있도록 흙길을 돌로 포장하는가 하면, 다리를 놓거나 터널을 뚫어 새롭게 길을 만들기도 했지요. 모든 길이 서로 연결되도록, 그 길을 따라가다 보면 결국 수도 로마가 나오게끔

Rome

오스트리아 헝가리

스위스

프랑스 슬로베니아

크로아티아

보스니아
헤르체고비나 세르비아

루마니아

모나코 이탈리아

에스파냐 로마

불가리아

몬테네그로
북마케도니아

에스파냐

알바니아

그리스

알제리 튀니지

이탈리아반도 중부에 위치한 로마는 이탈리아의 북부와 남부를
구분하는 기준이기도 하다.

만든 거예요. '모든 길은 로마로 통한다.'라는 말이 이 때문에 생
겼죠. 체계적인 도로 시스템을 토대로 로마는 넓은 영토 곳곳에
문제가 생기면 재빨리 군대를 파견하고, 또 각 지역에서 나온 물
자를 빠르게 중앙으로 보내면서 대제국으로 성장했답니다.

제정이 시작된 후 로마제국은 200년 동안 황금시대를 누렸어
요. 속주에서 거두어들인 세금으로 막대한 부를 쌓았죠. 수만 명
의 관중을 수용할 만큼 거대한 원형경기장 콜로세움이 증명하듯
그 당시 로마는 엄청난 부를 토대로 한 문화 예술이 꽃피우는 곳
이었답니다. 하지만 세상에 영원한 것은 없다는 격언처럼 황금시

대 이후 로마제국은 서서히 몰락하기 시작합니다. '자고 나면 황제가 바뀐다.'라는 말이 나올 정도로 정쟁이 극심해졌고, 결국 거대한 제국은 분열되고 말았지요.

로마에 도착한 저는 먼저 찬란했던 고대 로마의 흔적을 느낄 수 있는 유적지 '포로 로마노(로마인의 광장)'로 향했어요. 먼 과거 이곳은 습한 저지대로 사람들이 살기 힘든 지역이었어요. 하지만 기원전 7세기쯤 대규모 간척 사업이 진행되면서 물이 빠져나갔고, 이후 건물이 하나둘 들어서면서 로마의 중심지가 되었다고 하죠. 로마의 정치인들은 이곳에서 연설과 선거운동을 벌였고, 시민들은 이곳에 있는 신전에 방문해 평안과 행복을 빌었답니다. 황제들의 대관식이나 개선식 같은 중요한 행사 또한 이곳 포로 로마노에서 열렸지요. 이를 증명하듯 포로 로마노에는 황제의 개선문이 여러 개 남아 있는데요, 그중에서도 로마의 황제 콘스탄티누스가 전투에서 승리한 것을 기념하여 세워진 콘스탄티누스 개선문은 엄청난 크기와 화려함을 자랑해요. 로마제국의 몰락과 함께 쇠락한 포로 로마노에서 몇 안 되게 원형을 유지한 건축물이지요. 지금은 폐허나 다름없지만 과거에는 엄청난 위용을 자랑했을 포로 로마노의 모습을 상상하며 저는 다음 여행지로 발걸음을 옮겼답니다.

로마의 중심지였던 포로 로마노 유적.

수많은 신이 공존하던 곳

로마 하면 떠오르는 것 중 하나로『그리스 로마 신화』가 있지요. 우리나라의 건국신화만큼 여러분에게 익숙한 신화일 거예요. 『그리스 로마 신화』는 고대 그리스에서 발생해 로마제국으로 이어진 신화입니다. 그리스신화 속 제우스가 로마신화에서 유피테르라고 불리는 등 신들의 이름이 로마식으로 바뀌었을 뿐 신화 속 이야기 대부분이 비슷하죠. 고대 로마인들이 옆 나라 그리스의 신화를 받아들여 자신들의 언어와 문화에 맞게 변형한 거예요. 군신 마르스의 신전에 찾아가 승전을 기원하고 혼인과 출산을 관장하는 여신 유노의 신전에 제물을 바치며 순산을 기도하는 등 로마인들은 여러 신을 믿고 그들에게 삶의 평화를 기원하며 살아갔답니다.

로마신화에 등장하는 수많은 신을 통해 짐작할 수 있듯 고대 로마는 다양한 신의 존재를 인정하는 다신교 국가였어요. 로마신화의 신들뿐 아니라 자신들이 정복한 속주의 토착 신화나 종교까지 모두 포용했죠. 로마를 대표하는 건축물 판테온에서 이를 잘 알 수 있답니다. 그리스어로 '모든 신'을 의미하는 판테온은 말 그대로 로마제국이 지배하던 모든 지역에 존재하던 신과 모든 민족이 숭배한 신을 모시는 신전이었어요. 가운데가 뻥 뚫린 원형의 돔 아래 수많은 신상神像이 놓여 있었다고 하죠. 어쩌면 고대 로마의 번영은 다른 지역의 문화와 종교를 포용하는 태도에서 비롯됐을 수도 있겠네요.

놀랍게도 현재 판테온은 가톨릭교의 성당으로 사용되고 있어요. 수많은 신상이 놓여 있던 자리에는 이제 미사를 위한 제단이 세워져 있지요. 먼 옛날 그리스도교는 로마에 존재하던 소수 종교 중 하나였습니다. 유일신을 숭배하였기 때문에 여러 신을 인정하던 다신교 국가 로마에서 박해를 받았지요. 하지만 313년 로마제국의 콘스탄티누스 황제가 그리스도교를 로마제국의 종교

중 하나로 공식적으로 인정하면서(밀라노 칙령) 그리스도교는 박해에서 벗어나 점차 영향력을 키워 갔습니다. 신도들이 많아지면서 로마제국의 국교로 거듭나기에 이르렀죠. 다신교에서 그리스도교로 자연스럽게 국가의 종교가 바뀐 거예요.

시간이 흘러 로마제국은 멸망했지만 그리스도교는 유럽 여러 나라의 국교가 되어 명맥을 유지했어요. 로마라는 도시 또한 그리스도교, 그중에서도 가톨릭교의 본산으로 역사를 이어 나갔지요. 로마 안에는 바티칸시국이라는 아주 작은 도시국가가 존재합니다. 가톨릭교의 최고 성직자 교황을 원수로 하는 이 나라는 전 세계 가톨릭 신자들의 성지와도 같죠. 가톨릭교의 핵심 기관 교황청은 물론 세계에서 가장 큰 성당 건축물인 성베드로대성당, 그리스도교와 관련한 수많은 예술 작품이 전시된 바티칸박물관, 교황을 뽑는 행사인 콘클라베가 열리는 시스티나성당 등이 모두 이곳에 있어요.

로마 여행의 마지막 일정으로 바티칸을 방문한 저는 먼저 시스티나성당으로 향했어요. 성당에 들어서자마자 고개를 치켜들어 천장을 바라보았죠. 바로 이곳 천장에 그 유명한 미켈란젤로의 천장화가 그려져 있었기 때문이지요. 두 인물이 손가락을 맞대고 있는 명화 모두 알죠? 그 그림이 바로 시스티나성당 천장화의 일부예요. 신이 최초의 인간 아담을 만드는 순간을 표현한 것이지요.

바티칸에 위치한 성베드로대성당.

Rome

바티칸박물관의 하이라이트는 미켈란젤로의 〈피에타〉입니다. 피에타는 이탈리아어로 '연민', '공경심'을 의미해요. 십자가에서 사망한 예수를 안고 슬피 우는 성모마리아의 모습을 묘사한 기독교 예술의 주제 중 하나죠. 그중 가장 유명한 작품이 바로 성베드로대성당에 있는 미켈란젤로의 〈피에타〉예요. 이 거장의 작품에는 치명적인 아름다움과 슬픔이 공존합니다. 종교를 갖고 있지 않은 사람이라도 자신의 숙명을 받아들인 예수, 그리고 죽은 아들을 온몸으로 껴안고 슬픔에 젖어 있는 마리아의 모습에서 숙연함을 느낄 수 있답니다. 저도 이 피에타를 마주했을 때 경이로운 아름다움에 현기증이 나는 듯했어요.

세상에 영원한 것은 없다

로마제국의 자취를 따라가며 여행하다 보니 이탈리아가 조상덕을 참 많이 보는 나라라는 걸 실감할 수 있었어요. 과거 로마인들이 남겨 놓은 과거의 역사, 문화 유적들을 보러 전 세계에서 여행객이 몰려들고, 그에 따라 관광 수입도 막대할 테니까요. 그런데 이처럼 이탈리아의 경제가 관광 수입에 기대어 유지될 거라고 흔히들 생각하는 것과는 다르게, 이탈리아의 GDP 중 관광이 차지하는 비율은 그리 높지 않습니다. 물론 GDP의 10퍼센트 이상을 차지하고 한해 이탈리아를 찾는 관광객이 6,000만 명 이상인 것으로 보아 관광산업이 이탈리아 경제에 많은 영향을 미치는 것은 사실이에요. 하지만 이 관광산업 하나만으로 이탈리아가 세계 10위권 내의 경제 대국이 되었다고 볼 수는 없죠. 사실 이탈리아를 먹여 살리는 것은 GDP의 40퍼센트 이상을 차지하는 제조업이에요.

다만 이 제조업이 발달한 정도가 지역마다 크게 달라 이탈리아 경제의 취약점이 되고 있습니다. 제조업이 발달한 도시들은 대부분 이탈리아 북부에 위치하고 있어요. 밀라노, 토리노와 같은 도시들에 산업 기반이 밀집되어 있죠. 수도인 로마는 고대 로마제국의 중심이고 또 가톨릭의 총본산인 바티칸이 위치한 곳으로서 상징성을 갖고 관광자원이 풍부하다는 이점이 있지만, 전체적인 경제지표로는 북부의 중심 도시 밀라노에 비해 한참 뒤처져요. 로마를 기준으로 구분되는 이탈리아 남부 도시들은 상대적으로 농수산업의 비중이 높고 제조업 생산성이 낮아 북부와의 경제력 차이가 확연하죠. 1부에서도 언급한 것처럼 그로 인해 두 지역 간의 갈등이 유발되고 실제로 북부 이탈리아의 파다니아 지역은 분리 독립을 요구하기도 한답니다.

한때 모든 길의 종착점으로서 전 세계를 호령하던 로마, 그리고 그 로마를 품은 이탈리아는 더 이상 세상의 중심이 아니에요. 유럽 대륙에서 독일 다음가는 제조업 강국으로 세계경제를 이끌

Rome

던 이탈리아의 중공업·경공업도 점점 쇠락해 가고, 저출생과 고령화로 인해 국가 부채는 끊임없이 증가하고 있고요. 로마를 여행하면서 저는 세상에 영원한 것은 없다는 사실을 뼈저리게 실감했어요. 영원할 것 같던 제국의 찬란함은 어느 순간 역사의 뒤안길로 사라졌고, 전 지구를 뒤흔들던 종교적 믿음도 시간이 흘러 위세가 예전 같지 못하니까요. 어쩌면 이 세상에서 변하지 않는 건 '모든 것은 변한다.'라는 사실뿐일지도 모르겠네요.

해 질 무렵 로마의 풍경.

게임으로 역사 속 도시 여행하기

게임 〈어쌔신 크리드〉의 배경으로 등장하는 로마 콜로세움.

지금은 갈 수 없는 과거의 도시에서 실감 나는 모험을 펼칠 수 있는 게임이 있다는 사실, 알고 계신가요? 바로 프랑스 게임사 유비소프트의 액션 게임, 〈어쌔신 크리드〉 시리즈입니다. 유비소프트는 역사적 사실을 기반으로 철저한 고증을 거쳐 게임을 개발하는 기업으로 명성을 쌓아 왔어요. 시리아, 이탈리아, 이집트, 그리스 등의 과거 경관을 세밀하게 구현해 전 세계 게임 팬들에게 극찬을 받았죠.

특히 메인 시리즈 중 세 번째 작품인 〈어쌔신 크리드: 브라더후드〉는 르네상스 시대의 로마를 주된 배경으로 합니다. 게이머들은 날렵한 주인공을 조작해 도시의 외진 골목부터 성과 탑의 꼭대기까지 자유롭게 돌아다닐 수 있어요. 콜로세움, 성베드로대성당, 판테온 등 오늘날까지 보존되고 있는 세계적인 건축물들이 그대로 구현되어 게임을 즐기다 보면 마치 로마를 직접 여행하는 듯한 생생함을 느낄 수 있죠.

유비소프트의 콘텐츠 책임자인 티에리 노엘은 "단순한 게임을 넘어서 역사 속 도시들과 시대상을 경험하며 그 매력에 빠져드는 계기가 되고자 최선을 다하고 있다"고 말했습니다. 각 시리즈마다 배경 도시와 문화권을 정밀하게 구현하기 위해 역사학자, 고고학자, 박물관과 연구 기관 등 다양한 전문가와 적극적으로 협업한다고 해요. 실제로 〈어쌔신 크리드〉는 게임이 오락거리에 지나지 않는다는 편견을 깨고 대학교의 교재로 사용되거나 여행용 안내 자료로 사용되기도 한다고 하니, 그러한 노력이 제대로 인정받고 있다고 볼 수 있겠죠!

GATE 7

해가 지지 않는
제국의 심장

London

도착지	**런던**

징

국가	**영국 (잉글랜드)**
면적	**1,572km²**
해발고도	**24m**
인구	**약 887만 명**
특징	**세계 금융업의 중심지**
	뮤지컬의 본고장

8,880km
Seoul — London

제가 가장 많이 여행한 도시는 영국의 런던이에요. 첫 유럽 여행을 런던에서 시작하고 끝맺었으며, 이후로도 틈만 나면 런던을 방문했죠. 제 여권에는 런던 히스로공항의 도장이 여덟 개나 찍혀 있답니다. 그 정도면 런던이 질리지 않냐고요? 전혀요! 누군가 '지금 당장 어디로 떠나고 싶니?'라고 묻는다면 저는 한 치의 망설임도 없이 런던이라고 답할 거예요.

'최애' 도시는
런던입니다

'장소애topophilia'라는 말이 있습니다. 어떤 풍경이나 장소를 향한 애착을 뜻하죠. 어린 시절 살던 동네라서, 가족과 함께한 첫 해외여행지여서 등 우리가 특정 장소를 사랑하게 되는 이유는 다양합니다. 학생들에게 세계의 다양한 지역을 알려 주는 지리 교사이자 틈날 때마다 어디론가 떠나는 여행자인 저는 남들보다 아는 곳도 가 본 곳도 많아요. 당연히 특별한 추억이 깃든 장소도 많죠. 그중에서도 제가 가장 사랑하는 곳은 바로 영국 런던입니다.

그 이유는 앞서 말했듯 첫 번째 유럽 여행의 시작과 끝이 런던이었기 때문일 수도 있고, 런던의 명물 빨간색 2층 버스와 너무 비싸서 한 번밖에 타 보지 못한 런던의 블랙캡을 좋아해서일 수도 있어요. 뉴욕보다 더 잘사는 곳이거나 날씨가 더 좋아서는 절대 아니겠죠. 매번 런던에 올 때마다 새로운 느낌을 받습니다. 처음 런던 아이와 빅벤을 봤을 때는 사진으로 남기기 바빴지만 이제는 템스강을 여유롭게 걸으며 그 모습을 마음에 담아요. 뒷골목의 작은 펍에 들어가 축구에 열광하는 훌리건들 사이에서 같이 환호하며 경기를 보기도 하고요. 여덟 번이나 여행했음에도 매번 새로운 매력으로 저를 매혹하는 도시죠.

런던은 약 1,000년 동안 영국의 수도였습니다. 런던의 인구는 도심 인구 약 900만 명, 광역권까지 포함하면 약 1,500만 명이고, 뉴욕, 도쿄와 함께 3대 세계 도시로 손꼽혀요. 영국이 그야말로 전 지구를 호령하던 시절부터 중심적인 역할을 하고 있는 도시이고, 그만큼 런던에는 영국을 대표하는 다양한 건물들이 많죠. 영국 왕실 가족이 머무르는 버킹엄궁, 영국의 의회 민주주의를 상징하는 웨스트민스터궁, 대영제국 시절의 위용을 보여 주는 빅벤과 타워브리지까지…. 런던을 돌아다니다 보면 영국의 역사는 물론 근현대 세계사의 면면을 마주할 수 있답니다. 제가 이 도시를 사랑하는 이유 중 하나도 바로 도시 곳곳에서 발견할 수 있는 과거의 조각들 때문이지요.

London

영국의 수도 런던은 그레이트브리튼섬 남동부에 위치해 있다.

의회 민주주의의 탄생

현대 사회의 근간을 이루는 것은 무엇일까요? 사회의 어떤 분야에 집중하느냐에 따라 다르겠지만, 정치로 초점을 맞추면 답은 꽤나 명확해져요. '민주주의'로 말이죠. 세계 대부분의 국가는 모든 국민이 나라의 주인으로서 권리를 갖고 이를 행사하는 민주주의를 토대로 합니다. 우리나라의 헌법 제1조에는 '대한민국은 민주공화국이다. 대한민국의 주권은 국민에게 있고, 모든 권력은 국민으로부터 나온다.'라고 명시되어 있죠.

영국은 이 같은 민주주의를 확립하는 데 핵심적인 역할을 한 국가입니다. 오늘날 국민이 대표자를 선출해 간접적으로 국정에 참여하는 간접민주주의의 기틀을 마련했죠. 머나먼 과거에는 왕이 나라를 다스렸습니다. 왕의 권리는 신에게서 받은 절대적인 것이라는 왕권신수설이 지배적이었고요. 한마디로 왕이 무소불위의 권력을 쥐고 있던 거예요. 그런데 1215년 영국에서 한 헌장이 승인되면서 상황이 바뀌기 시작했습니다. 그 당시 영국의 국왕이었던 존 왕의 실정을 견디지 못한 귀족들이 왕권을 제한하는 내용의 문서 '마그나카르타(대헌장)'를 작성했고, 귀족들의 강요로 존 왕은 이를 승인했어요. 왕의 권력을 법의 테두리 안에서 제한하기 시작한 거지요. 이후 영국은 여러 혁명을 거쳐 1688년 전제왕정을 의회정치에 기반한 입헌군주제로 바꾸기에 이릅니다. 이제 영국의 왕은 의회의 승인 없이 세금을 거두거나 법률을 만들 수 없게 됐죠. 국민이 뽑은 대표자들로 구성된 의회가 국정을 운영하는, 민주주의 제도가 틀을 잡기 시작한 거예요.

긴 역사를 가진 영국의 의회 민주주의를 상징하는 건물이 바로 템스강 강변에 위치한 웨스트민스터궁이에요. 먼 과거에는 왕실의 궁전으로 사용됐지만 16세기부터 의회 장소로 쓰이기 시작했죠. 현재도 영국의 국회의사당 역할을 하고 있고요. 웨스트민스터궁은 다사다난한 영국의 정치사와 민주주의의 발전사를 담은 공간이라고 할 수 있답니다.

London

런던의 대표적 랜드마크인 빅벤과 웨스트민스터궁.

산업혁명의 시발점

웨스트민스터궁의 시계탑 빅벤은 런던의 대표적인 랜드마크예요. 지금으로부터 약 150년 전인 1858년에 만들어진 것이지요. 이곳에서 런던을 가로지르는 템스강을 따라 내려가다 보면 또 다른 런던의 랜드마크, 타워브리지가 등장합니다. 빅벤과 마찬가지로 19세기 중후반에 지어진 도개교죠. 런던, 나아가 영국을 대표하는 두 랜드마크는 찬란했던 영국의 전성기를 상징하는 건축물이랍니다.

17세기 이전까지만 해도 런던은 유럽을 대표하는 도시가 아니었어요. 문화 예술의 중심지 파리나 가톨릭교의 본산인 로마에 밀리는 처지였죠. 하지만 17세기 초 영국이 아메리카 및 아시아 대륙으로 적극 진출하면서 수도 런던이 떠오르기 시작했습니다. 그리고 18세기 중후반에 일어난 산업혁명으로 런던은 세계적인 도시로 성장했죠. 산업혁명의 발단은 방직기였습니다. 그 당시 영국에서는 면직물 수요가 많았는데, 수공업으로는 넘치는 수요를 감당할 수 없었어요. 이에 기계로 면직물을 대량생산하는 방법이 고려됐고, 18세기 후반 증기를 동력으로 하는 방직기가 발명됐죠. 바야흐로 공장에서 상품을 대량생산하는 시기가 도래한 거예요.

산업혁명을 계기로 영국은 유럽 변방의 섬나라에서 세계의 공장으로 탈바꿈했습니다. 인도, 캐나다, 호주 등 자신들이 거느린 식민지를 비롯해 세계 각국에 대량생산한 공산품을 판매하며 막대한 부를 쌓았죠. 그렇게 영국은 세계를 호령하는 제국으로 성장했답니다. 수백 년에 이르는 대영제국 시기, 그 중에서도 1837년부터 1901년까지 빅토리아 여왕이 다스렸던 빅토리아시대는 영국의 황금기로 꼽힙니다. 앞서 나온 빅벤과 타워브리지 모두 이 시기에 완공됐죠. 나라의 막대한 부와 최신 과학기술을 토대로 만들어진 거예요.

London

세계경제의 중심지

현재도 영국은 전 세계 GDP 10위권 안에 드는 경제 대국이에요. 특히 수도 런던은 세계 금융업의 중심지죠. 런던에는 '시티오브런던'이라는 행정구역이 있습니다. 줄여서 '시티(the City)'라고 불리는 이곳에 내로라하는 글로벌 금융기관 및 기업 수천 개가 모여 있지요.

위용에 비해 시티오브런던의 면적은 2.9제곱킬로미터로 그리 크지 않은데요, 이 좁은 면적 덕분에 시티오브런던은 금융업의 성지로 성장할 수 있었어요. 동일한 산업이 한군데 모이면 제품 생산 비용이 절감되고 판매도 더 잘 이루어지곤 합니다. 이를 집적 경제라고 해요. 첨단산업 단지 실리콘밸리가 집적 경제의 대표적인 예시죠. 금융업에서도 집적 경제가 적용돼요. 아무리 인터넷이 발달한 시대라 하더라도 대규모 금융 거래를 위해서는 당사자끼리 얼굴을 직접 맞대야 하기에, 회의나 계약 등의 업무를 원활히 진행하기 위해서는 서로 가까이 있는 게 좋으니까요. 그런 측면에서 시티오브런던은 무척 유리합니다. 도보 10분이면 어느 금융기관이라도 방문할 수 있는, 세계의 그 어떤 금융 지구보다도 높은 집적도를 자랑하죠.

문화 예술에 숨겨진 영국의 명암

런던을 이야기할 때 문화 예술을 빼놓을 수 없어요. 경제적인 번영 아래 수많은 소설과 영화 그리고 음악이 이곳 런던을 배경으로 탄생했습니다. 탐정의 대명사 셜록 홈스가 머무르던 런던의 베이커 거리, 마법사 해리 포터가 마법 학교로 떠나기 위해 지나친 런던의 킹스크로스역, 그리고 록 밴드 비틀즈의 앨범 커버에 등장해 유명해진 횡단보도 역시 런던에 위치해 있어요. 그야말로 런던은 온갖 문화 예술의 산실인 거예요.

그중에서도 제가 가장 좋아하는 런던의 예술은 뮤지컬입니다. 흔히 뮤지컬 하면 미국 뉴욕의 브로드웨이를 떠올리곤 하지만, 사실 뮤지컬의 본고장은 런던이에요. 과거 유럽을 풍미한 오페라, 경가극 등이 영국에 들어와 연극 문화와 합쳐지면서 대중적인 뮤지컬이 탄생했죠. 〈오페라의 유령〉, 〈캣츠〉, 〈레 미제라블〉 등 우리가 익히 아는 유명 뮤지컬도 런던에서 만들어져 전 세계로 퍼져 나갔답니다. 이 때문에 런던의 극장가 웨스트엔드는 브로드웨이와 함께 전 세계 뮤지컬 산업의 양대 산맥으로 불려요.

그런데 이 같은 경제적이고 문화적인 번영 이면을 살펴볼 필요도 있어요. 이 번영은 대영제국 시절 영국이 제국주의를 앞세우며 식민지 및 약소국을 억압하고 이들의 자원을 약탈한 데서 비롯했으니까요. 대표적인 문화 시설인 영국박물관(대영박물관)만

London

세계 각지의 문화재를 모아 둔 런던의 영국박물관.

봐도 그렇습니다. 세계 3대 박물관 중 하나로 손꼽히는 영국박물 관에는 영국뿐 아니라 이집트, 그리스, 중동 및 동아시아, 남아메 리카 등 세계 각지의 문화재 800만 점이 전시돼 있어요. 이 중 상 당수가 다른 나라에서 강탈한 것이죠.

영국 음식이 맛없다고?

영국의 음식도 다른 문화 예술 못지않게 유명해요. 다만 좋은 의미로 유명한 것이 아니라, 맛이 없기로 유명하죠. 그 이유를 정 리해 보자면, 우선 영국은 전반적으로 식재료 자체의 질이 좋기 때문에 재료 본연의 맛을 즐기는 문화가 발달되어 있는데요, 거 기에 16~17세기 영국에서 시작된 청교도 문화의 금욕주의가 더 해져서 다채로운 요리법을 사치로 여기는 경향이 자리 잡았다고 볼 수 있어요. "영국은 전 세계에 여러 가지 먹을거리를 공급하고 있다. 단지 조리 전 상태로 말이다."라는 윈스턴 처칠의 말이 그런 점을 잘 보여 주죠. 결론적으로 영국 음식에는 재료에 별다른 가 공을 하지 않는다는 공통점이 있답니다. 흰 살 생선 대구와 감자 를 튀겨서 함께 먹는 '피시앤칩스'나 소고기를 구워서 잘라 먹는 '로스트비프'가 대표적이에요.

최근 들어서는 영국 음식에 대한 인식이 조금씩 개선되고 있

계란과 소시지, 삶은 콩, 버섯, 토마토 등으로 구성된
영국의 전형적 아침 식사.

어요. 우리나라에도 잘 알려진, 영국 출신의 셰프 고든 램지가 여
러 매체에서 활발히 활동하며 수준 높은 영국 요식업을 널리 알
린 덕분이죠. 다만 영국의 요식업이 그렇게 발전할 수 있었던 주
요 계기로 제국주의를 빼놓을 수 없습니다. 인도와 파키스탄 등
식민지였던 다양한 나라의 식문화와 재료가 유입되며 영국 요리
에 큰 영향을 끼쳤어요. 그래서 현대 영국 요리 중에 커리 등 인
도 향신료를 사용한 요리가 많답니다. 또한 영국의 영향권 아래
에 있던 중국의 광둥 지방 요리에 영향을 받기도 했고, 남아프리
카공화국, 캐나다, 호주, 뉴질랜드 등 영연방 국가에서 영국 본토
로 다양한 식재료가 유입되면서 새로운 조리법이 만들어지기도

했습니다.

거기에 더해 영국은 과거부터 지금까지 세계적인 금융 중심지이면서 유럽 여행의 관문이기도 했습니다. 이 말은 런던이 부유한 사업가들과 수많은 여행객이 모이는 곳이라는 뜻이고, 고든 램지와 같은 세계적인 요리사들이 그들을 상대로 고급 레스토랑을 운영할 수 있는 최적의 환경이라는 뜻이기도 해요. 실제로 런던은 미슐랭 레스토랑이 많이 분포하고 있는 도시로도 유명합니다. 이처럼 영국은 맛없는 요리로 악명이 높지만 런던에서는 의외로 맛있고 다양한 요리를 맛볼 수 있답니다.

시간의 기준점에서

런던 도심을 실컷 구경한 저는 그리니치천문대로 발길을 옮겼어요. 그리니치천문대는 1675년 천문 항해술 연구를 위해 설립된 천문대입니다. 1884년 세계 각국의 합의를 통해 이곳을 지나는 자오선을 기준 삼아 경도를 결정하는 본초자오선을 설정했죠. 경도란 지구 위의 위치를 나타내는 좌표축 가운데 세로로 된 것을 뜻해요. 북극과 남극을 세로로 연결한 선이죠. 시간은 바로 이 경도에 따라 달라집니다. 지구는 하루 24시간 동안 한 바퀴, 즉 360도를 회전해요. 360을 24로 나누면 15죠. 즉 경도 15도에

한 시간씩 시차가 생깁니다. 그런데 이때 경도의 기준점이 없다면 어떨까요? 각 나라는 자국을 경도 0도로 여기고 이를 기준으로 시간을 계산하겠죠. 세계적으로 시간이 통일되지 않는 거예요. 본초자오선은 이로 인한 혼란을 막기 위해 만들어졌답니다. 그렇게 런던은 시간의 기준이 되었죠.

해가 질 무렵 그리니치천문대 근처의 전망 포인트에서 런던의 시가지를 감상했어요. 시티오브런던이 한눈에 들어왔고, 저 멀리 빅벤도 보였죠. 한때 런던은 세상의 중심이었어요. 정치, 경제, 예술, 과학이 꽃피는 도시였죠. 전 지구의 시간도 이곳으로 중심으로 흘렀고요. 지금은 그 자리를 일부 다른 도시에 내주었지만, 제 마음속 1위 도시는 앞으로도 계속 런던일 거예요. 언제 어떤 사건이 닥치더라도 시간의 기준, 본초자오선은 바뀌지 않는 것처럼 말이에요!

평범한 거리에서 만나는 비틀즈

애비로드 횡단보도에서 기념사진을 찍는 관광객들.

13장에서도 살펴보겠지만, 현대 대중음악의 시초로 불리는 영국의 전설적 밴드 비틀즈는 리버풀 출신으로 유명해요. 수많은 팬들이 그들을 기억하기 위해서 영국 북부의 작은 도시 리버풀을 찾죠. 하지만 그들의 음악을 좋아하는 사람들 중에는 영국의 수도 런던을 찾는 이들도 많아요.

비틀즈와 관련된 사진 중 가장 유명한 것이 바로 정규 11집 《애비로드^{Abbey Road}》의 앨범 커버입니다. 이는 비틀즈의 네 멤버가 횡단보도를 줄지어 건너는 모습이 담긴 사진인데요, 앨범명인 애비로드가 이 사진을 촬영한 도로의 이름이죠. 애비로드에 위치한 녹음실 EMI 스튜디오에서 앨범을 제작하던 중 바로 근처의 횡단보도에서 간단하게 촬영을 했다고 전해집니다.

애비로드는 런던 북서부의 한적한 동네에 위치하고 있는데, 전설적인 밴드 멤버들이 걸어갔던 횡단보도에 가까워질수록 점점 사람들이 많아집니다. 일종의 '성지순례'를 하기 위해 전 세계에서 수많은 팬들이 모여들기 때문이죠.

영국을 대표하는 전설적인 밴드의 성지가 매우 소박하고 현실적인 도시의 한 골목에 위치해 있다는 점이 이색적입니다. 평범한 일상 한가운데 위치한 애비로드에서는 매 순간 비틀즈의 앨범 커버를 재현하고 싶어 하는 관광객들, 그리고 출퇴근 중인 운전자들이 서로 신경전을 벌이는 장소가 되었답니다.

《애비로드》 앨범 커버는 비틀즈 앨범 중에서뿐만 아니라, 팝 역사를 통틀어 손에 꼽힐 만큼 유명한 사진 중 하나입니다. 2010년 영국 정부는 비틀즈가 음악사를 넘어 전 세계 문화사에 남긴 거대한 영향력을 인정해, 애비로드의 이 횡단보도를 문화유산으로 지정했다고 합니다.

GATE 8

'K'는 이곳에서
시작되었다
Seoul

도착지　　　**서울**

국가　　　　대한민국
면적　　　　605km²
해발고도　　38m
인구　　　　약 936만 명
특징　　　　과거와 현재가 어우러진 거대도시

　　　　　　기원전부터 오늘날까지 계속 확장

11,078km
New York — Seoul

서울 하면 무엇이 가장 먼저 떠오르시나요? 서울은 경복궁을 비롯하여 옛 한양 도성이 고스란히 남아 있는 곳이면서, 한편으로는 전 세계의 트렌드를 선도하는 대중문화의 최전선이기도 하죠. 이처럼 서울은 과거 600년의 역사와 현재 K-컬처의 중심으로서의 매력이 공존하는 도시입니다. 우리에게는 너무도 익숙한 도시이지만 세계인들에게는 가장 여행하고 싶은 도시, 대한민국의 수도 서울로 떠나 봅시다!

서울의 진짜 중심

서울의 중심은 어디일까요? 전통적으로 서울의 중심은 이름에서 알 수 있듯이 중구였어요. 서울의 한가운데 위치한 중구에는 지금도 대기업 본사와 금융기관을 포함한 중심 업무 기능이 밀집되어 있어요. 하지만 현재 서울의 중심은 점점 남쪽으로 이동하고 있습니다. 유튜브에서 조회수 52억이라는 기록을 세운 싸이의 〈강남 스타일〉의 배경, 강남은 넓게는 서울의 한강 이남 지역 전체를 의미하지만, 일반적으로는 강남구를 중심으로 양쪽의 서초구, 송파구를 포함한 '강남 3구'를 가리키는 말이에요.

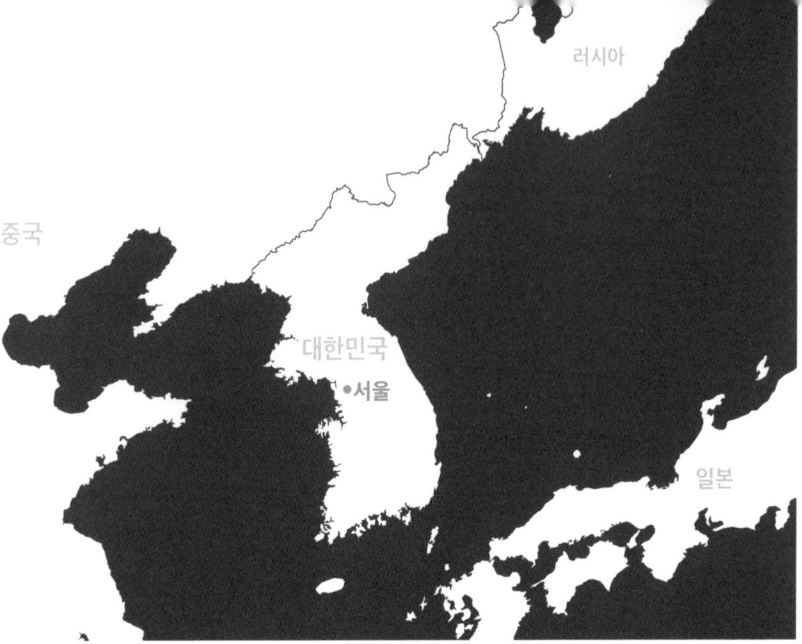

한반도의 중부지방에 위치해 조선 시대부터 수도로 기능해 온 서울.

먼저 잠실 석촌호수에 위치한 삼전도비에서 서울 여행을 시작해 보기로 해요. 삼전도비는 병자호란 시기 청나라 태종이 조선의 왕 인조에게 항복을 받은 사실을 기록해 남긴 비석입니다. 석촌호수는 현재 잠실 롯데월드를 품고 있는 호수이지만 과거에는 한강의 본류인 송파강의 일부였어요. 당시에는 송파강이 잠실의 남쪽에 있었으니 잠실은 강북이었던 셈이죠. 그러다 조선 중기에 큰 홍수로 한강이 범람하면서 잠실 북쪽으로 새롭게 하천이 만들어져 사람들은 이곳을 새로운 하천이라는 뜻으로 '신천新川'이라고 불렀습니다. 오늘날 서울 지하철 2호선 역인 잠실새내역이 여기에서 이름을 따 온 거예요.

서울의 새로운 랜드마크가 된 잠실 롯데월드타워.

강북이었던 잠실은 그렇게 신천이 생겨나면서 비로소 강남이 됐어요. 이후 한강 개발 중에 신천의 폭을 넓히는 공사가 이루어지면서 본류였던 송파강은 메워졌고요. 잠실蠶室은 그 지명에서 알 수 있듯이 과거 누에고치를 키우던 한강변의 한적한 지역이었어요. 그러다 1970년대 개발 사업이 시작되어 대규모 아파트 단지가 건설되었고, 1980년대 올림픽 주경기장, 롯데월드와 백화점이 건설되며 지금에 이르고 있습니다. 2016년에는 서울의 새로운 랜드마크인 롯데월드타워가 들어서기도 했죠. 롯데월드타워가 한창 지어지던 당시 지반이 무너지고 싱크홀이 생겨날 위험성이 크다는 기사가 쏟아졌는데, 위에서 살펴본 것처럼 잠실은 과거 강이 흘렀던 곳이기에 지반이 튼튼하지 못하다는 우려에서였답니다.

2호선을 타고 강남역으로 가 볼까요? 강남역은 동서로 뻗어 있는 테헤란로와 남북의 강남대로가 만나는 곳에 위치해 있어요. 강남역에서 나오면 삼성그룹 계열사들이 모여 있는 것이 가장 먼저 눈에 띕니다. 강남구에는 삼성 등 대기업과 이러한 대기업에 서비스를 제공하는 금융, 광고, 부동산 등 부가가치가 높은 산업 분야의 기업들이 모여 있습니다. 그리고 강남은 땅값이 아주 비싸고 주민들의 평균적인 소득도 높다 보니, 자연스럽게 다양한 종류의 서비스업 업체들 역시 집중되어 있죠. 이렇게 상업 기능과 주거 기능이 고도로 발달된 강남은 서울의 진짜 중심이라고 볼 수 있습니다.

강남역에서 신논현역까지 강남대로를 따라 걷다 보면 대로변에 카페, 음식점, 영화관 등 다양한 상업 시설이 빽빽하게 들어서 있고 어디에 들어가든 손님이 많은 걸 볼 수 있어요. 출퇴근 시간에는 분당, 판교, 동탄행 버스를 기다리는 직장인들로 거리가 꽉 차고요. 외국의 유명 프랜차이즈가 한국에 첫선을 보일 때 1호점의 위치를 강남대로로 선택하곤 하는데요, 여기에는 오늘날 서울의 중심이라는 상징성과 더불어 강남대로에 이처럼 많은 유동 인구가 밀집한다는 점도 한몫합니다.

국회의사당에서 바라본 여의도 금융가.

서울의 확장이 시작된 곳

이번에는 신논현역에서 9호선을 타고 서쪽 영등포로 향합니다. 영등포는 서울이 사대문 바깥으로 처음 확장한 지역이에요. 강남의 옛 지명이 영동永東인 이유도 강남이 영등포 동쪽에 위치하기 때문이죠. 노량진역에 잠시 내려 점심으로 컵밥을 먹는데, 책가방을 멘 학생들이 정말 많네요. 지금은 공무원 시험을 준비하는 수험생들과 전문 학원가로 유명한 곳이지만, 이름에서 유추할 수 있듯이 노량진은 조선 시대까지 배가 드나드는 나루터였어요. 노량진의 우리말 표현인 '노들나루'가 백로가 노니는 나루터라는 뜻이었다고 하죠. 그러다 1899년 경인선 철도 개통과 함께 인천과 서울을 이어 주는 연결고리가 되었죠. 그렇게 교통량이 늘어나고 자연스럽게 주변 지역도 발달하게 되면서 이곳 노량진과 영등포로 서울의 영역이 확장되기 시작했어요.

영등포가 개발되면서 한강의 하중도河中島인 여의도 역시 빠르게 발전했어요. 국회의사당과 주요 방송국들이 여의도에 터를 잡았고, 다수의 은행과 증권사가 들어서면서 여의도는 대한민국 금융의 중심지가 되었죠. 롯데월드타워가 지어지기 전까지 서울의 대표적 랜드마크였던 63빌딩도 여의도에 위치해 있고요. 구매력을 갖춘 중산층이 거주하는 대규모 아파트 단지가 건설되면서 상업 시설도 함께 발달했습니다. 현재는 서울시 주도로 방송국들이 상암동 디지털미디어시티(DMC)로 이전했고, 아파트 단지 노후화와 강남의 부상으로 위상이 예전 같지는 않지만, 여전히 서울의 부도심으로서 당당히 기능하고 있답니다.

다음으로는 서울의 핵심 공업단지였던 곳, 구로디지털단지로 향했습니다. 현재 IT, 방송, 출판 등 다양한 기업들의 사무실이 들어서 있는 구로디지털단지는 과거 구로공단으로 불리며 수많은 여공들이 재봉틀을 돌리던 제조업 단지였어요. 하지만 서울의 확장과 지가 상승으로 공장들이 안산, 시화 등의 지역으로 이전하면서, 서울 제조업의 상징이자 노동운동의 성지였던 구로공단의 정체성도 변화했죠. 지가가 저렴한 구로공단 옛터에 조선족 이주민들이 정착한 결과 중국 문화의 색채가 진하게 나타나는 구역도 생겨났습니다. 구로디지털단지역에서 대림역 쪽으로 걷다 보면 도림천을 경계로 확연하게 다른 경관이 나타나요. 하천 좌측에는 높은 아파트와 사무실 빌딩들이 있고, 우측으로는 연립주택과 중국어로 쓰인 간판 들이 보이죠. 서울 속 작은 중국, 대림동 차이나타운에서 이국적 분위기 가득한 점심 식사를 해 봅니다.

서울에서 가장 '힙'한 곳은?

서울에서 가장 '힙'한 동네는 어디일까요? 서울의 새로운 중심지 강남, 최근 사람이 몰리고 있는 성수도 있지만 아무래도 최신 유행과 젊음을 상징하는 곳은 홍대와 이태원으로 압축할 수 있을 것 같습니다. 2호선을 타고 한강을 건너 홍대입구역에 내렸어요. 홍대는 좁게는 홍익대학교와 그 주변 상권을 의미하지만, 넓게는 합정, 상수, 망원을 포괄하는 지역이에요. 홍익대학교 외에도 인근에 연세대학교, 서강대학교, 이화여자대학교 등 여러 대학이 모여 있어서 '힙함'을 논할 때 빠질 수 없는 곳이죠.

홍익대학교는 과거부터 미술대학이 유명했어요. 예술적 감각을 갖춘 학생들이 학교 근처에서 생활하며 주변 상권에도 영향을 미쳤고, 자연스럽게 패션과 유행에 민감한 젊은 세대들이 몰려들게 됐어요. 1990년대 초반 인디 밴드 열풍과 클럽 문화가 시작된 곳 역시 홍대였습니다. 젊음과 예술이 가득한 곳인 만큼 홍대는 서울을 방문한 외국인들에게도 클럽과 바, 펍 등에서 신나는 시간을 보낼 최고의 장소로 주목받고 있어요. SNS에서 핫한 음식점, 멋들어진 감성의 카페가 가장 먼저 생기는 곳 역시 홍대고요.

하지만 그렇게 많은 관심과 인파가 몰리는 만큼 홍대의 땅값도 가파르게 상승했어요. 처음부터 홍대에 거주하던 젊은 대학생들과 예술가들은 나날이 높아지는 임대료를 감당할 수 없어 빠르게 외곽 지역으로 밀려나게 되었습니다. 아이러니하게도 홍대의 정체성을 만든 주인공들이 홍대에서 살 수 없게 된 거예요. 이와 같이 상업 시설의 확대로 지가가 상승하면서 원래의 거주민들이 지역 바깥으로 밀려나는 현상을 '젠트리피케이션'이라고 부르죠.

다음으로 서울의 또 다른 힙스터의 성지 이태원으로 향했어요. 이태원 역시 홍대처럼 젠트리피케이션이 진행된 지역이죠. 우선 이태원역을 나와 걷다 보면 다양한 피부색을 가진 외국인과 세계 각지의 이국적인 음식을 파는 가게들이 가득합니다. 이처럼 이태원에서 세계의 다양한 문화를 경험할 수 있는 이유는 과거 근처에 미군 용산기지가 있었기 때문이에요. 용산기지의 미군들을 대상으로 하는 미국 본토 스타일의 음식점과 상점들이 생겼고, 그로 인해 미군뿐만 아니라 유행에 민감한 젊은이들과 다양한 국적의 외국인들이 이곳 이태원으로 몰리게 된 거죠.

미국 주택가를 연상시키는 용산기지 내부 풍경.

그렇게 이태원의 시작점이 되었던 용산기지의 터를 찾아가 봤어요. 기지가 2022년 이전을 완료해 이제는 사용되고 있지 않지만 오랜 기간 미군들이 거주하면서 남겨 놓은 흔적을 잘 보존해 두었습니다. 미군 가족들이 살던 주택의 정원을 지나 주택 내부에도 들어가 볼 수 있었는데요. 집안 벽에는 이곳에서 살던 미군들이 용산에 대한 추억들을 적어 두었네요. 영어로 된 표지판과 영화에서 자주 봤던 미국 스타일의 거리를 걷다 보면 여기가 미국인지 한국인지 착각이 들 정도예요.

용산기지 구경을 마치고 이번에는 이태원 상권의 중심이라고 할 수 있는 경리단길로 향했어요. 경리단길이라는 이름은 용산기지에 위치해 있던 국군재정관리단의 옛 명칭 '육군중앙경리단'에서 유래한 것이랍니다. 경리단길은 이색적인 분위기로 꾸며진 가게에서 세계 곳곳의 다양한 음식을 맛볼 수 있는 장소로 예전부터 유명했어요. 하지만 사람들이 점점 더 많이 몰리면서 홍대와 마찬가지로 지가가 가파르게 상승했고, 젠트리피케이션이 발생했죠. 그래도 2020년 이곳을 배경으로 한 드라마 〈이태원 클라쓰〉가 세계적으로 인기를 끌면서 '성지순례'를 온 관광객들로 여전히 활기를 띠고 있어요. 저 역시 주인공 박새로이와 조이서가 대화를 나누던, 남산이 바라다보이는 육교에서 기념사진을 찍어 보았습니다.

서울의 과거 속으로!

지금 서울의 중심이 강남이라면 과거 한양의 중심은 종로였어요. 종로는 경복궁의 남쪽에 위치한 정문, 광화문으로부터 동서로 뻗어 있는 길입니다. 새해에 제야의 종소리가 울려 퍼지는 보신각이 있는 곳이기도 하죠. 조선 시대 종로에는 나라가 옷감, 종이, 수산물 등의 독점 판매권을 부여한 시전 상인들이 자리를 잡고 있어서 활발하게 상거래가 이루어졌고, 자연스럽게 한양 상업의 중심지로 자리 잡을 수 있었어요.

일제가 남산 아랫자락에 조성했던 중심가 혼마치.

  그러던 중 일제강점기에 들어서면서 종로의 입지가 흔들리기 시작했습니다. 일제가 조선의 전통적인 중심지였던 종로를 밀어 두고 남산의 아랫자락에 새로운 중심지인 혼마치[本町], 현재의 명동 상권을 조성했기 때문이에요. 명동에는 미츠코시백화점이 들어섰고, 그 당시 최신 유행을 선도하던 '모던보이'들이 양복을 입고 거리를 활보했죠. 저도 명동 거리를 걸으면서 100년 전 모습을 머릿속에 그려 봤습니다.

  일제강점기가 끝나고 나서도 중심지로서 명동의 입지는 여전했어요. 광복 직후 일제강점기를 청산하는 의미에서 명동 일대의

한옥과 고층 빌딩이 함께 보이는 종로구 북촌의 전경.

도로명이 충무공 이순신의 호칭을 따 충무로로 변경되었는데요, 이 충무로 일대에 다수의 기업 본사와 자본이 유입되었고, 예술 가와 지식인 역시 모여들었습니다. 이내 충무로가 한국 영화 산 업의 중심지가 된 것도 우연이 아닐 거예요. 1980년대 강남 개발 이전까지는 이렇게 자본과 사람이 모여든 명동, 충무로 일대가 서울의 중심이었어요.

그런데 요즘 명동 거리는 낮에 수많은 사람들로 붐비지만, 밤이 되면 언제 그랬냐는 듯 한산해져요. 다른 변화가라면 사람이 가장 많을 시간인 저녁 열 시에 문을 닫는 치킨집도 많죠. 중구의 명동, 충무로 일대는 과거부터 주거 기능보다는 상업 기능이 발달했어요. 그래서 사무실과 상가로 많은 사람들이 유입되는 낮에는 사람들이 북적이지만, 해가 지고 직장인들이 모두 퇴근해 빠져나가면 지역 전체가 전원을 끈 듯 조용해지는 거예요. 이를 인구 공동화 현상이라고 부르죠.

어둑어둑해진 중구의 거리를 걸으며 이런저런 생각이 들었어요. 서울의 미래는 어떻게 될까요? 현재 서울의 인구는 936만 명으로 1,100만 명에 육박하던 1990년대 초반보다 많이 감소했어요. 하지만 이는 오히려 교통의 발달로 수도권이 확장되면서 서울의 영향력이 확대되었음을 의미한다고 볼 수 있죠. 이대로라면 서울의 경제적, 문화적 영향력은 앞으로도 커져만 갈 것으로 예상됩니다. K-컬처가 전 세계에 미치는 영향이 커질수록 대한민국의 산업 역량이 집중되어 있는 서울의 영향력은 더 빠르게 커지겠죠. 그러면서 지금 서울이 직면하고 있는 재개발과 지가 상승, 젠트리피케이션과 공동화와 같은 문제도 점점 심해져 곪아 갈지 몰라요. 600년의 역사와 최신 유행이 공존하는 매력적인 도시 서울. 여러 어려움을 슬기롭게 해결해서 지금의 활기와 아름다움이 앞으로도 이어지길 조용히 바라 봅니다.

세계인이 사랑하는 서울

세계의 문화적 중심지로 떠오르고 있는 서울의 야경.

2000년 전후까지 대한민국의 세계적 인지도는 미미한 수준이었습니다. 이웃 나라인 중국과 일본에 비하면 아는 사람도 극히 드물었고, 그나마도 미국과 대치하는 북한의 소식을 주로 접하다 보니 북한과 남한을 헷갈려 하는 이들도 많았어요. 당연히 수도인 서울역시 거의 알려지지 않아서, 2000년대 후반 방영된 미국의 드라마〈로스트〉에서는 중국과 일본, 베트남 등의 풍경을 뒤섞은 듯한 모습으로 서울을 묘사해 국내에서 논란이 되기도 했죠.

하지만 이후의 한류와 K-팝 열풍 등으로 한국과 서울이 본격적으로 널리 알려지기 시작했습니다. 대표적인 예로 2015년에는 마블 영화 〈어벤져스: 에이지 오브 울트론〉의 촬영이 서울 한복판에서 진행됐는데요, '블랙 위도우'가 바이크를 타고 강남대로를 달리고, '캡틴 아메리카'가 한강과 남산을 바라보는 장면이 인상적이었죠. 그리고 2019년에는 애니메이션 〈심슨 가족〉에서 서울 곳곳의 풍경을 사실적으로 묘사해 주목받기도 했습니다.

전 세계적인 K-컬처 열풍이 부는 가운데 그 중심인 서울이 영화, 드라마 촬영 장소로 이름을 날리고 있습니다. 2022년에는 한 해 동안 서울에서 촬영한 영화, 드라마가 268편에 이르렀다고 해요. 서울시 관계자는 팬데믹 이후 OTT 서비스 이용자가 늘어나고, 드라마 〈오징어 게임〉, 영화 〈기생충〉의 성공 등으로 한국 콘텐츠에 대한 관심이 높아져 서울에서의 촬영 수요가 증가하고 있다고 밝혔습니다.

중심도
중심
나름이라고!

: 가운데만 중심이 아니다

Key-word
지리적 중심 / 현상적 중심

2부 '여긴 근본이지~'에서는 다양한 의미에서 각 지역의 중심이라 불리는 도시들로 여행을 떠나 봤어요. 고대 로마제국의 중심으로 유럽 문화의 기반을 다진 이탈리아 로마, 산업혁명의 발상지이자 근대에 전 세계를 주름잡았던 영국의 수도 런던, 유럽의 정중앙에 위치하면서 자신만의 독특한 문화를 만들어 온 보헤미안의 도시 체코 프라하, 그리고 마지막으로는 전 세계 K-컬처 열풍의 중심에 서 있는 대한민국의 수도 서울까지 살펴봤죠.

네 도시의 공통 키워드인 '중심'이라는 개념을 크게 지리적 중심과 현상적 중심으로 나누어 볼 수 있어요. 우선 지리적 중심은 물리적으로 어떤 지역의 가운데 위치함을 의미합니다. 예를 들어 수도 서울은 정치, 경제, 문화와 같은 현상적으로 명백하게 대한민국의 중심이 되지만, 지리적 중심은 대한민국의 영토를 위도와 경도로 계산해 보면 강원도 양구군이 되죠. 다른 예시로 오랜 세월 유럽과 아시아의 가운데 위치하면서 무역과 문화적 교류의 다리 역할을 담당했던 서남아시아가 중동中東, Middle East 지역으로 불리는 것도 지리적 중심에 해당하기 때문이라고 볼 수 있습니다.

이슬람 세계의 중심이라고 할 수 있는 사우디아라비아 메카.

여러 의미에서 유럽의 중심에 해당하는 체코.

지리적 중심과
현상적 중심

지리적 중심과 달리 현상적 중심은 역사, 경제, 문화적으로 발전하거나 관련된 현상이 가장 뚜렷하게 나타나는 곳을 의미해요. 예를 들어 이슬람교의 창시자 무함마드의 탄생지면서 성역인 카바신전이 위치한 사우디아라비아의 메카는 종교적 현상으로 보았을 때 이슬람 세계의 중심입니다. 이 메카라는 지역명이 뚜렷한 현상적 중심을 의미하는 대명사로 활용되기도 하죠. 예를 들어 입시 학원이 밀집해 있고 교육열이 강하게 나타나는 강남구를 '교육의 메카'라고 표현하는 것처럼요.

5장 '유럽 한가운데의 터줏대감'에서 체코

를 '유럽의 중심'이라고 이야기한 것은 체코가 현상적으로 유럽을 대표하기 때문이 아니라 지리적으로 유럽의 중앙에 위치하고 있기 때문이에요. 우선 유럽의 지도를 살펴보면 체코는 스위스, 오스트리아처럼 바다에 닿아 있지 않은 내륙국이죠. 물론 그러면 '스위스, 오스트리아도 유럽의 중앙 아닌가?' 혹은 '경도와 위도를 정확하게 계산하면 유럽의 중심이 정말 체코가 맞나?'라고 반문할 수도 있어요.

체코는 냉전 시기 서유럽 자본주의 국가들과 동유럽 공산주의 국가들의 사이에 위치하고 있었습니다. 물론 소비에트연방 시절 공산주의 세력권에 포함되기는 했지만, 체코는 전통적으로 제조업이 발달해 있었던 덕분에 동구권 국가 중 자본주의의 영향을 가장 크게 받았어요. 즉, 체코는 지도상에서 뿐만 아니라 이념적으로도 유럽의 가운데에 위치하고 있었기 때문에 다른 나라들을 제치고 유럽의 중심으로 불린 거예요.

이와 비슷한 사례로 아메리카 대륙에 위치한 멕시코를 들 수 있습니다. 아메리카 대륙은 지리적으로 미국과 캐나다가 위치한 북아메리카와 브라질, 아르헨티나가 위치한 남아메리카로 구분할 수 있어요. 일반적으로 아메리카 대륙에서 폭이 가장 좁은 곳에 위치한 파나마운하를 북아메리카와 남아메리카를 구분하는 기준으로 삼습니다. 즉, 멕시코는 파나마운하 북쪽에 위치하고 있기 때문에 북아메리카로 분류되죠. 반면 아메리카 대륙을 문화적 현상의 관점에서 구분하면 주로 영어를 사용하고 개신교를 믿는 앵글로아메리카와 주로 스페인어를 사용하고 가톨릭을 믿는 라틴아메리카로 구분할 수 있어요. 멕시코를 현상적으로 보면 스페인어를 사용하면서 가톨릭을 믿는 히스패닉이 인구의 다수를 차지하기 때문에 라틴아메리카로 분류돼요. 이처럼 멕시코는 지리적으로는 북아메리카에 속하고 현상적으로 라틴아메리카에 속하는, 아메리카의 중심으로 볼 수 있습니다. 멕시코는 미국과 국경을 맞대고 있는 데다가, 미국, 캐나다와 함께 경제 공동체 USMCA에 속해 있어서 다른 라틴아메리카 국가들에 비해 미국의 영향을 많이 받았어요.

7장 '해가 지지 않는 제국의 심장'에서 살펴본 영국 런던은 경도의 기준점이 된다는 점에서 세계의 지리적 중심이라고 할 수도 있겠습니다. 템스강이 내려다보이는 런던의 동남부 언덕 위, 그리니치천문대의 바닥에는 경도의 기준점이 되는 본초자오선이 그어져 있어요. 물론 지구는 둥글기 때문에 특정한 위치를 기준으로 정할 객관적인 근거는 없어요. 단지 본초자오선을 세계 표준으로 정할 당시 영국이 '해가 지지 않는 나라'로 불리며 전 세계적으로 어마어마한 영향력을 가지고 있었고, 그래서 그리니치천문대가 경도의 기준이 되었다고 볼 수 있죠.

하지만 그러한 과거의 위상을 바탕으로 런던이 지리적 중심으로만 남은 것은 아닙니다. 오늘날까지도 런던은 전 세계적으로 막대한 영향력을 가지고 있어요. 미국 뉴욕, 일본 도쿄와 함께 3대 세계도시로 불리고 있죠. 특히 금융 분야에서의 입지가 대단해서 뉴욕 월스트리트와 함께 세계 금융의 흐름을 주도하고 있다고 볼 수 있어요. 뿐만 아니라 런던은 막대한 규모의 자본이 투입되는 세계 최고의 축구 리그 '프리미어 리그'가 펼쳐지는 곳이기도 하며, 뮤지컬과 브릿팝으로 상징되는 문화, 예술 분야에서도 독보적인 존재감을 지니고 있습니다.

로마, 런던, 그리고 뉴욕!

사실 중심이라는 표현은 단순히 지리적 중심지를 가리키기보다 현상적 중심지를 가리키는 경우가 많아요. 6장 '모든 길이 여

오늘날까지 막대한 영향력을 자랑하는 런던의 도심.

기로 통했다'에서는 이탈리아 로마를 역사적 중심지로 바라봤습니다. 로마는 유럽 대다수 지역 국가들의 역사적, 문화적 뿌리라고 할 수 있는 로마제국의 중심이었죠. 물론 유럽이라는 이름의 어원인 '에우로페'가 그리스신화에 등장하는 페니키아의 공주의 이름인 만큼 고대 그리스의 문화 역시 유럽의 한 뿌리라고 볼 수 있어요. 다만 제국의 군대로 전 유럽을 처음 하나의 나라로 통일한 데다가 그리스도교를 국교로 공인하며 전 유럽인의 사상을 결속한 로마제국이 유럽의 역사에 미친 영향은 절대적입니다. 유럽 각 국가들의 언어와 문화는 조금씩 다르지만 모두 같은 유럽에 속해 있다는 공동체 의식이 바로 로마제국으로부터 기원했다고 볼 수 있어요.

2,000년 전 유럽의 중심은 로마, 100년 전 세계의 중심은 런던이었다면 21세기 현재 세계의 중심지는 역시 미국 뉴욕이겠죠! 먼저 뉴욕 맨해튼 남부에 위치한 월스트리트는 세계에서 가장 많은 자본이 유입되는 세계 금융의 중심지예요. 거대한 '돌진하는 황소 Charging Bull' 동상으로도 유명한 이곳 맨해튼에는 세계 시가총액 1, 2위를 다투는 뉴욕증권거래소와 나스닥이 위치하고 있고, 골드만삭스를 비롯해 세계 최대 규모의 투자은행과 금융기관이 밀집해 있습니다. 2007년, 전 세계의 경제를 휘청이게 했던 서브프라임 모기지 사태가 촉발되었던 곳도 바로 이곳 월스트리트예요.

뉴욕은 세계경제의 중심지답게 어마어마한 경제 규모를 자랑합니다. 뉴욕시 대도시권의 GDP가 미국 바로 북쪽에 위치한 국가 캐나다의 전체 GDP와 비슷할 정도예요. 이처럼 소득과 구매력이 높은 뉴요커들이 거주하는 뉴욕은 다양한 서비스산업이 발달하고 유행의 최첨단을 달리는 문화적 중심지이기도 합니다. 대표적으로 맨해튼섬 중앙에는 뉴욕의 랜드마크 중 하나인 타임스퀘어가 있어요. 브로드웨이와 7번가가 교차하는 이곳은 세계적인 기업들의 거대하고 휘황찬란한 광고판과 브로드웨이 뮤지컬, 연극 공연장의 불빛이 밤에도 대낮처럼 거리를 밝히죠. 자연스럽게 전 세계에서 수많은 관광들이 뉴욕으로 모여들어요. 앞에서도 언급했듯이 뉴욕은 런던, 도쿄와 함께 오늘날 전 지구의 중심축 역할을 하는 세계 도시입니다.

계속해서 변화하는 세상의 중심

20세기 말 미국의 주도로 세계화가 이루어진 이후 미국 대중문화가 그야말로 전 세계를 지배했어요. 대표적으로 마이클 잭슨이 활약한 팝 음악과 할리우드의 블록버스터 영화가 지구 곳곳으로 전파되면서, 초강대국인 미국의 위상이 문화 산업에서도 최고임을 여실히 보여 줬죠. 하지만 최근에는 유튜브, 넷플릭스 등 OTT 플랫폼, SNS 등의 영향으로 미국의 왕좌도 흔들리고 있어요. 그 균열의 핵심에 있는 것이 바로 〈기생충〉, 〈오징어 게임〉과 같은 영화, 드라마 산업에서 전 세계적으로 각광을 받고 있는 K-컬처예요.

월스트리트에 위치한 뉴욕증권거래소.

서울의 중심가인 강남대로의 빌딩 숲.

'한류'로 불리던 K-컬처는 1990년대에 아시아 시장을 중심으로 발전하기 시작했습니다. 그러다 2012년 싸이의 〈강남스타일〉이 폭발적인 반응을 일으키더니, 이후 BTS를 비롯한 K-팝 가수들이 전 세계 팬들의 마음을 움직였죠. 이제는 음악뿐만 아니라 영화, 드라마와 같은 한국의 다양한 문화 콘텐츠가 세계적으로 주목받고 있습니다. 한국 콘텐츠에 매력을 느낀 해외 팬들은 드라마에 등장한 치맥과 편의점, 화장품 등 한국인들의 음식과 생활 방식에도 관심을 갖게 되었고, 영화의 배경이 되는 서울의 거리와 골목을 여행하고 싶어 하기도 해요. 물론 아직 서울을 세계적인 문화의 중심지라고 말할 수는 없을 거예요. 하지만 K-컬처가 한때의 유행을 벗어나, 더한 전성기로 달려간다면 서울이 전 세계에 미치는 문화적 영향력 또한 점점 더 커질 것이라고 생각합니다.

유럽을 지배하며 수천 년간 이어지던 로마 제국도 역사 속으로 사라졌고, 전 지구를 손에 넣을 기세였던 대영제국도 이제는 위상이 예전만 못하죠. 세계 최강대국 미국도 언젠가는 1인자의 자리에서 내려올 날이 올 것이고, 변방에 위치한 작은 나라도 언젠가는 중심에 설 날이 올 수 있어요. 시간이 지나면서 세계의 중심은 변합니다. 역사적으로 세계의 중심이 어떻게 변해 왔는지 살펴보면서 앞으로 어떤 국가나 도시가 그 중심을 차지할지 예상해 보는 것도 흥미롭지 않을까요.

3부

진짜 여기서
살고 싶다…

살기 좋은 도시의 비밀

행복한 나라의 바이킹
Copenhagen

도착지   **코펜하겐**

국가	**덴마크**
면적	**90km²**
해발고도	**1~91m**
인구	**약 66만 명**
특징	**바이킹, 레고, 안데르센 동화의 고향**
	자전거의 도시

7,961km
Seoul – Copenhagen

몇 해 전 초여름, 워킹 홀리데이를 떠나 덴마크에서 지내고 있는 친구에게서 연락을 받았어요. 이번 여름방학에 덴마크로 놀러 오라고요. 덴마크를 비롯해서 북유럽 국가들은 물가가 비싸기로 유명하고, 사실 그래서 그때까지는 한 번도 이곳으로의 여행을 생각해 본 적이 없었어요. 하지만 세계에서 가장 행복한 나라에서 지내 보고 싶지 않냐는 친구의 말이 이끌려 저는 코펜하겐으로 가는 비행기 티켓을 예약했습니다. 저의 즉흥적인 덴마크 여행이 그렇게 시작되었어요.

행복한 나라,
살기 좋은 도시

2024년 3월 20일 국제 행복의 날을 맞이하여 국제연합(UN)이 발간한 '세계 행복 보고서'에 따르면, 우리나라 사람들이 스스로 매긴 행복도 점수의 평균은 10점 만점에 약 6.1점이었다고 해요. 조사 대상인 143개국 중 52위, 경제협력개발기구(OECD) 38개국 중 최하위권인 33위에 머물렀죠. 이 조사에서 덴마크는 북유럽의 이웃 나라 핀란드에 이어 2위를 차지했어요. UN의 행복도 조사 외에 OECD 국가들을 대상으로 한 삶의 만족도 조사에서도 3위에 오르는 등 덴마크는 삶의 질·행복과 관련한 조사에서 항상 높은 순위에 자리하고 있죠. 이 때문에 덴마크는 '세상에서 가장 행복한 나라'라고 불리곤 한답니다.

덴마크는 유럽과 연결된 반도와 한 개의 커다란 섬(그린란드), 그리고 수많은 작은 섬들로 이루어진 나라예요. 스칸디나비아반도에 위치한 핀란드, 스웨덴, 노르웨이와 함께 북유럽을 대표하는 국가죠. 그린란드 등을 제외한 유럽 본토 면적이 약 4만 3,000제곱킬로미터로 우리나라의 절반도 채 되지 않고, 인구도 약 600만 명에 불과하지만 덴마크는 첨단 공학 및 해운업이 발달한 유럽의 강국이랍니다. 사회보장제도가 잘 마련돼 있고, 1인당 국민소득이 우리나라의 두 배에 달하죠. 이런 덴마크의 수도가 바로 코펜하겐이에요.

코펜하겐은 덴마크 셸란섬의 남동쪽에 위치한 도시로, 이름을 풀이하면 '상인들의 항구'라는 뜻이에요. 스칸디나비아반도의 북유럽 국가와 서유럽 국가 사이에 자리 잡고 있어 예로부터 해상무역이 활발히 이루어졌거든요. 지금은 유럽의 주요 도시들을 잇는 해상 및 육상 교통의 중심지로 자리매김했고요. 코펜하겐은 전 세계에서 가장 살기 좋은 도시로도 널리 알려져 있어요. 영국의 유명 잡지 《모노클》을 비롯하여 세계 각지의 공신력 있는 매체들이 실시한 조사에서 살기 좋은 도시 1위로 자주 선정됐죠.

Copenhagen

덴마크의 수도 코펜하겐은 스칸디나비아반도에 인접한
셀란섬 동부에 위치해 있다.

바이킹의 후예들

친구의 안내를 따라 코펜하겐 중심 거리를 걷다 보니 기념품
샵에서 유독 바이킹 모자와 장신구가 눈에 띄네요. 덴마크, 노르
웨이, 스웨덴과 같은 북유럽 국가들의 국가대표 스포츠 경기에서
도 공통적으로 바이킹 복장을 하고 있는 응원단의 모습이 자주
보이고요. 바로 자신들이 바이킹의 후예임을 드러내는 거죠. 덴마
크를 비롯한 북유럽 지역은 8~11세기에 활동한 바이킹의 주무대

였는데요, 이 바이킹의 등장에는 스칸디나비아반도의 기후와 지형이 밀접하게 관련되어 있답니다.

스칸디나비아 지역은 대서양에서 연중 부는 서늘한 바람, 편서풍의 영향을 받아 일 년 내내 습윤하고 흐린 날씨가 지속돼요. 그렇다 보니 아무래도 곡식이 한창 자라는 여름에 햇볕이 쨍쨍 내리쬐는 남부 유럽에 비해 농사에 어려움이 많았겠죠. 뿐만 아니라 북위 55도 이상으로 북극에 가까이 위치한 이 지역은 과거 빙하의 영향을 받아서 토양이 아주 척박해요. 이처럼 농사를 짓기에 너무나도 안 좋은 자연환경 때문에 스칸디나비아 지역에서는 농업이 잘 이루어지지 못했고, 그 대신 배를 타고 다른 나라의 마을로 침입해 물자를 약탈하는 바이킹이 등장하게 된 것입니다.

춥고 거친 환경에 적응한 덕에 덩치가 크고 힘도 유난히 셌던 스칸디나비아의 바이킹들은 무시무시한 침략자로 악명을 떨쳤어요. 가깝게는 발트해와 북해, 프랑스 노르망디 지역부터 멀게는 지중해 지역까지 세력을 확장했죠. 바이킹의 세력이 가장 강력했을 당시에는 프랑스의 왕이 아예 북서부의 노르망디 지역을 바이킹들에게 떼어 주기까지 했답니다. 그리고 바이킹들의 이런 무차별적인 약탈에 속수무책이었던 농민들은 근처의 강력한 영주에게 보호를 받는 대가로 토지를 바치고 주종 관계가 되기도 했어요. 바이킹의 활약이 10세기 무렵 유럽에 봉건제도가 발달하게 된 계기 중 하나인 셈이죠. 저는 무시무시한 바이킹 전사의 모습

Copenhagen

바이킹의 복식을 재현하는 덴마크 주민들.

을 떠올려 보며 친구와 기념품 샵에서 바이킹 모자를 쓴 채 기념
사진을 찍고 식사를 하러 갔어요.

덴마크의 대표 음식으로는 뷔페를 들 수 있습니다. 접시를 들
고 다니며 긴 테이블에 놓인 다양한 음식을 원하는 만큼 담아 먹
는 바로 그 뷔페가 맞아요! 뷔페가 대표적인 덴마크의 음식이 된
이유도 바로 바이킹 때문이에요. 바이킹이 우람한 체격과 강력한
힘으로 빠른 배를 타고 약탈을 한 뒤, 다양한 곳에서 빼앗아 온
음식들을 긴 테이블에 늘어놓고 먹었던 풍습에서 바로 지금 우리
가 즐기는 뷔페가 시작된 거죠. 뷔페식당 중 이름에 '바이킹'이 들

어간 곳이 많은 것도 그런 이유 때문이랍니다. 제 친구는 뷔페의 본고장에 왔으니 원조를 소개해 주겠다며 자기가 평소 자주 간다는 식당으로 저를 데려갔습니다. 같은 뷔페라도 왠지 본고장에서 먹으니 더 맛있는 것 같네요. 큼지막한 고기와 신선한 채소를 접시에 듬뿍 담아 바이킹의 후예처럼 맛있게 식사를 했습니다.

자 이제 식사도 푸짐하게 했으니 후식을 먹어야죠. 여러분들도 편의점에서 덴마크 요구르트를 한 번쯤 본 적이 있을 거예요. 덴마크에서 요구르트, 우유, 치즈와 같은 유제품이 발달하게 된 것 역시 이곳의 지형, 기후와 밀접한 관련이 있어요. 해가 잘 나지 않는 서늘한 기후와 빙하로 척박해진 땅이 농사에 최악의 조건이라고 이야기했죠? 바이킹의 시대가 끝나고 이곳 스칸디나비아 사람들도 약탈 대신 먹고살기 위한 다른 길을 찾으려고 애썼어요. 그 결과 중 하나로 소를 키우고, 그 소에게서 우유를 얻고, 우유를 발효해서 다양한 유제품을 만드는 낙농업이 발달하게 된 거죠. 유럽에서 낙농업이 유독 발달한 지역들의 공통점이 바로 날씨가 다른 지역에 비해서 안 좋다는 거예요. 바이킹이 약탈을 일삼아서 프랑스 왕이 영토를 떼어 준 프랑스 북서부 지역, 노르망디 역시도 프랑스에서 가장 날씨가 안 좋은 지역이라고 할 수 있어요. 바이킹의 후예인 덴마크인들은 불리한 환경을 어떻게든 이겨 내고 자신들만의 산업과 문화를 만들어 낸 셈입니다.

본고장에서 먹는 뷔페 음식.

랜드마크에서 찾아낸 첫 번째 비밀

다음으로는 시내에 위치한 코펜하겐 시청사로 향했어요. 코펜하겐 시청사는 1905년에 세워진 중세풍의 건물로, 도시를 대표하는 랜드마크예요. 건물 안 탑에서 도시 전체를 조망할 수 있어 관광객들이 많이 찾는 곳이죠. 감탄하며 시청사 건물을 사진 찍는 관광객 무리 사이에서 코펜하겐 시민들이 눈에 띄었어요. 유모차를 끌며 여유롭게 산책을 즐기는 이들이 많았죠. 코펜하겐 시청사는 유명 관광지이기도 하지만 시민들이 일상적으로 이용하는 공간이라더군요. 평소 시민들은 시청사 바로 옆에 조성된 자그마한 공원을 산책하거나 시청 앞 광장에 모여 수다를 떤다고 해요. 시에 불만이 생겼을 때는 이곳에서 시위나 집회를 벌이기도 하고요. 코펜하겐에서 가장 유명한 관광지 한가운데서 평화롭게 일상을 보내는 시민들의 모습에서 묘한 평화로움을 느낄 수 있었답니다.

관광객과 시민이 한데 어우러진 공간은 이곳뿐만이 아니었어요. 대표적으로 코펜하겐 항구 근처 강변에 위치한 덴마크왕립도서관이 있죠. 검은색 화강암과 유리로 장식한 외관 때문에 '블랙 다이아몬드'라는 별명이 붙은 왕립도서관은 명실상부 코펜하겐의 명물이에요. 어두운 색채와 직선을 살린 외관, 이에 대비되는 밝은 색채와 곡선이 강조된 내부가 특징적이죠. 곡선형의 벽과 난간 때문일까요? 도서관이 아니라 마치 파도치는 바다에 온 기분이었답니다. 뛰어난 인테리어만큼 저를 감탄하게 만든 것이 또 있었어요. 바로 건물 안에 알차게 들어선 문화시설이었죠. 방문객들은 도서관 내 콘서트홀과 전시실 등에서 다양한 문화생활을 즐길 수 있었어요. 이런 곳이 집 주변에 있다면 매일 가겠다고 생각하며 도서관 이곳저곳을 누볐답니다.

이처럼 코펜하겐에는 초호화 호텔 부럽지 않게 아름답고 알찬 공간이 시민 모두에게 열려 있었어요. 이 공간을 일상적으로 누리는 시민들의 삶이 행복할 수밖에요. 그렇게 저는 코펜하겐을 대표하는 건축물을 탐방하면서 살기 좋은 도시의 첫 번째 비밀을 찾아냈답니다.

Copenhagen

도로에서 알아낸 두 번째 비밀

코펜하겐 거리를 돌아다니던 제 눈에 들어온 것이 있었으니! 바로 자전거였어요. 그도 그럴 것이 자전거를 탄 사람이 수도 없이 많았거든요. 출퇴근하는 직장인, 가방을 메고 씽씽 달리는 학생들, 바구니에 식료품을 가득 싣고 이동하는 할머니 등 남녀노소 할 것 없이 자전거를 타고 이동하고 있었죠.

사실 덴마크는 자전거 천국으로 유명해요. 자전거 보급률이 90퍼센트로, 덴마크 사람 열 명 중 아홉 명은 자전거를 가지고 있죠. 이렇듯 덴마크 국민 대다수가 자전거를 일상적으로 이용하지만, 그중에서도 수도 코펜하겐의 자전거 사랑은 더욱 남다릅니다. 코펜하겐을 포함한 덴마크 수도권 시민 절반은 매일 자전거로 출퇴근을 한다고 해요. 자가용을 이용해 통근하는 비율은 약 20퍼센트에 불과하죠. 이 때문에 코펜하겐에는 사람보다 자전거가 많다는 우스갯소리가 있을 정도랍니다.

코펜하겐이 자전거의 도시가 된 데에는 여러 가지 이유가 있는데요, 우선 덴마크의 지형과 연관이 깊습니다. 가파른 오르막길과 내리막길이 많으면 자전거를 타고 이동하는 게 무척 힘들고 위험하겠죠? 하지만 코펜하겐은 가장 높은 산이 해발 100미터가 채 되지 않을 정도로 지형이 완만하답니다. 자전거를 타기에는 최상의 지형인 셈이죠.

코펜하겐은 자전거의 천국이다.

뿐만 아니라 코펜하겐에는 자전거 전용 도로 및 신호등이 존재해요. 인도, 자전거 도로, 차도가 엄격히 구분돼 있어 맘 놓고 자전거를 탈 수 있죠. 자전거 도로의 폭 또한 여러 대가 나란히 움직여도 서로 부딪히지 않을 정도로 넓고요. 이 외에도 자전거 전용 주차장, 자전거 거치대 등 자전거를 위한 시설이 도시 곳곳에 마련돼 있답니다. 자전거를 멈추고 신호를 기다릴 때 발을 올려 둘 수 있는 설치물을 보고 저는 '이 도시는 자전거에 진심이구나!'라고 느꼈죠.

코펜하겐은 자전거에 친화적인 동시에 걷기 좋은 도시이기도 해요. 차가 들어오지 못하는 보행자 전용 거리 및 다리가 무척 많죠. 대표적인 것이 코펜하겐 도심에 위치한 스트로이에트 거리예요. 세계에서 가장 길고 오래된 보행자 전용 거리로 유명하죠. 저 또한 이곳을 거닐며 도로 양옆으로 즐비한 가게들을 찬찬히 구경했는데요, 차가 없어서 그런지 안전하고 쾌적하다는 생각이 절로 들었답니다. 스트로이에트 거리를 빠져나온 후 파란색 자전거 도로를 따라 시내 외곽으로 향하면서 저는 살기 좋은 도시의 두 번째 비밀을 발견했답니다. 자전거와 보행자를 위한 도로 교통 체계라는 답을 말이죠!

세 번째 비밀 발견!

살기 좋은 도시의 비밀을 찾아냈다는 만족감과 함께 씁쓸함이 몰려왔어요. 우리나라의 현실이 떠올랐거든요. 시민들이 자유롭게 모이고 여유를 즐길 무료 공간이 부족해 카페가 흥한다는 뉴스가 심심찮게 나오고, 대부분의 도시가 보행자가 아닌 자동차 중심이잖아요.

아쉬운 마음과는 별개로 코펜하겐에서의 마지막 밤은 화려하게 마무리했어요. 여정을 함께한 친구가 저녁 식사에 현지 친구들을 초대했거든요. 나이도 직업도 제각각인 사람들과 함께 이야기를 나누던 중, 한 청년이 제게 코펜하겐은 어땠냐고 물었습니다. 저는 여행하면서 발견한 코펜하겐의 멋진 점을 나열하며 단연코 최고였다고 답했어요. 비싼 물가에도 불구하고 한 번쯤 이곳에서 살아 보고 싶다는 말을 덧붙였죠. 청년은 크게 기뻐했습니다. 자신이 사랑하는 코펜하겐의 매력을 알아차려 주어서 고맙다는 듯 함박웃음을 지었죠. 제가 간 곳을 되짚으며 덴마크왕립도서관의 구관이 얼마나 고풍스러운지, 자전거를 타며 마주하는 도시의 풍경이 얼마나 아름다운지 등을 잔뜩 신나서 이야기하기도 했답니다.

어쩌면 수준 높은 공공시설과 도로 교통 체계만큼 중요한, 도시를 살맛 나게 하는 세 번째 비밀은 그곳에 사는 사람들의 마음

Copenhagen

일지도 모르겠네요. 익숙함에 속아 간과하기 쉬운 그 도시만의 매력을 발견하고 이를 소중히 여기는 마음 말이에요.

최초의 트랜스젠더

세계 최초로 성전환 수술을 받은
트랜스젠더, 릴리 엘베.

국내에서 2016년 개봉한 영화 〈대니쉬 걸〉은 1930년대 세계 최초로 성전환 수술을 받은 덴마크 여성의 이야기를 담고 있습니다. 오늘날에는 다양성에 대한 존중을 비롯해 정치적 올바름에 관한 논의에 앞장서고 있는 유럽이지만, 1930년대 당시에는 엘베의 성전환이 전에 없던 사건으로서 큰 사회적 파장을 불러일으켰다고 해요. 일제강점기 시절이었던 우리나라에서도 신문에 '남자가 여자가 되어 다시 시집간 이상한 이야기'라는 제목으로 기사가 실렸죠.

세계 최초의 트랜스젠더 릴리 엘베(본명 에이나르 베게너)는 덴마크 코펜하겐의 왕립예술학교에서 게르다 고틀리프를 만나 남성으로서 결혼했고 화가로 활동했습니다. 그러다 우연히 여성 모델의 대타를 맡게 되어 여장을 한 일을 계기로 성별 정체성을 인식하게 되었고, 이후 독일에서 1930년부터 1931년까지 다섯 차례에 걸쳐 성전환 수술을 받았죠.

당시 남성과 여성의 결합만을 혼인으로 인정했던 법률 때문에 엘베와 고틀리프는 강제로 이혼을 해야 했습니다. 하지만 고틀리프는 엘베의 성전환을 계속해서 지지했고, 이혼하는 순간까지 그의 곁을 지켰다고 해요. 엘베는 49세가 되던 해에 그렇게 원하던 여성의 몸이 되었지만, 수술 후 3개월 만에 거부반응으로 끝내 사망했습니다.

이러한 이야기가 2000년 『대니쉬 걸』이라는 제목의 소설로 출간되었고, 이를 바탕으로 동명의 영화가 제작되었어요. 개봉 당시 엘베와 고틀리프 역을 맡은 주연배우들의 열연으로 큰 주목을 받았답니다.

GATE 10

맥주, 축구, 자동차, 독일의 모든 것

Munich

도착지   **뮌헨**

국가   **독일 (바이에른주)**

면적   **310km²**

해발고도   **520m**

인구   **약 151만 명**

특징   **옥토버페스트가 열리는 곳**

                BMW의 고향

8,569km
Seoul – Munich

독일 하면 무엇이 떠오르나요? 먹음직스러운 소시지를 떠올리는 친구들도 있을 것이고, '전차 군단'이라고 불리는 독일의 축구팀을 외치는 친구들도 있겠네요. 자동차를 좋아한다면 벤츠, BMW, 아우디 등 독일이 자랑하는 자동차 브랜드를 줄줄 외는 친구들도 있을 거고요. 저는 독일 하면 세계적인 맥주 축제, 옥토버페스트가 떠오릅니다. 이번에 소개할 도시는 독일 하면 떠오르는 그 모든 것을 경험할 수 있는 도시, 뮌헨이에요!

'바이에른' 뮌헨?

이번에는 제가 몇 해 전 여름 바이에른 뮌헨을 여행했던 이야기를 꺼내 보려고 해요. 바이에른 뮌헨! 축구를 좋아하는 친구들에게는 익숙한 이름이죠? 독일의 유명 프로 축구팀으로 'FC 바이에른 뮌헨'이 있으니까요. 그런데 여러분, 뮌헨이라는 도시 이름 앞에 붙은 바이에른은 도대체 뭘까요? 바로 뮌헨이 속한 주의 이름이에요. 우리나라로 치면 강원도, 전라남도 같은 행정구역인 셈이지요. 독일 남동부에 위치한 바이에른주는 독일을 구성하는 열여섯 개의 주 가운데 가장 큰 곳이랍니다.

앞서 1부에서 에스파냐 바르셀로나를 다루면서 카탈루냐 지방에 대해 이야기했던 걸 기억하나요? 그때 바르셀로나가 속한 카탈루냐 지방은 수도 마드리드 및 에스파냐 중앙정부와 사이가 그리 좋지 않다고 했죠. 다른 중세 국가에 뿌리를 두고 있어 역사와 문화적인 정체성이 다르기 때문이라고요. 바이에른도 비슷합니다. 19세기 이 지역에는 바이에른왕국이라는 독립된 국가가 있었어요. 그 이전 중세에는 공작이 지배하는 나라인 공국으로서 역사를 이어 오며, 오랜 시간 독자적인 문화를 형성했죠. 그러다 19세기 후반 이웃 나라 프로이센왕국이 독일 지역을 통일하면서 지금에 이르렀고요. 이 때문에 바이에른 사람들은 지역의 독자적인 역사와 문화에 대한 자부심이 크다고 해요. 자신들을 독일인이라기보다는 바이에른 사람으로 여긴다고 하죠. 뮌헨 앞에 굳이 바이에른이 붙은 이유, 이제는 이해할 수 있겠죠?

유럽 여행을 계획할 때 뮌헨에 숙소를 잡으면 여러 가지 좋은 점이 있어요. 우선 수많은 여행객들이 모이는 곳이기 때문에 숙소가 많이 마련되어 있고, 그래서 옥토버페스트 기간을 제외하면 숙박비가 비교적 저렴한 편입니다. 그리고 뮌헨은 독일 남부를 관통하는 '로맨틱 가도'의 중심에 위치해 있어서 이곳에 숙소를 잡으면 뉘른베르크와 퓌센 등 남부 독일의 여러 아름다운 도시들을 당일치기로 다녀올 수 있다는 장점이 있어요. 국경 너머 오스트리아 잘츠부르크, 체코 프라하 같은 도시와도 인접해서 뮌헨에

Munich

독일 남동부 바이에른주의 중심 도시인 뮌헨.

숙소를 잡으면 여행 계획을 세우는 데 정말 유리하답니다. 그래서 저는 처음 유럽을 여행할 때부터 뮌헨에 오랜 기간 숙소를 잡아 두고 주위의 국가와 도시들을 여행했어요.

독일 하면 생각나는 그 음료!

태양 빛이 작열하는 7월, 저는 뮌헨 기차역에 발을 디뎠답니다. 무더운 날씨 때문인지 기차에서 내리자마자 시원한 맥주 한

잔이 절로 생각났어요. 청소년 독자들에게는 아직 먼 이야기지만 독일 하면 역시 맥주! 사람들이 삼삼오오 야외 테이블에 모여 앉아 맥주와 소시지를 먹는 모습이 절로 떠오르죠.

독일 하면 자연스레 떠오르는 이 풍경은 '비어가르텐Biergarten'이라는 공간과 관련이 깊습니다. 비어가르텐은 맥주를 뜻하는 독일어 'bier'와 정원을 뜻하는 'garten'이 합쳐진 말로, 단어 그대로 풀이하면 맥주를 마실 수 있는 정원이에요. 야외 그늘가에서 맥주를 마실 수 있도록 식당 앞, 강가, 공원 등에 조성된 공간으로, 테이블이 마련돼 있죠. 독일 어디를 가든 발견할 수 있는 비어가르텐은 바로 이곳 뮌헨에서 비롯됐답니다.

비어가르텐의 기원은 19세기 바이에른왕국 시절로 거슬러 올라갑니다. 뮌헨의 몇몇 양조장들이 도시를 가로지르는 이자강 주변에 맥주 저장고를 지으면서 시작됐죠. 그 당시 뮌헨을 중심으로 바이에른에서는 맥주 수요가 점점 늘어나고 있었어요. 하지만 냉장고가 없던 그 시절, 여름에는 맥주를 시원한 온도에서 발효시킬 수 없었기에 공급이 턱없이 부족했죠. 맥주를 찾는 사람들은 많은데 대량으로 만들 수 없는 상황에 고심하던 양조장들은 서늘한 강가에 지하 저장고를 짓기 시작했습니다. 지하 저장고가 들어선 땅 위에 잎이 넓은 밤나무를 심어 그늘을 만들고, 바닥에는 조약돌을 뿌려 더욱 서늘한 환경을 조성했죠. 그늘에서 편히 쉬면서 시원한 맥주를 즐길 수 있는 공간이 생기자 사람들은 하나둘 강가로 몰려들었어요. 이에 양조장들은 밤나무 그늘 아래 테이블을 설치하고 지하 저장고에서 꺼낸 신선한 맥주를 본격적으로 팔기 시작했죠. 맥주를 마실 수 있는 정원, 비어가르텐은 그렇게 탄생했답니다. 뮌헨을 중심으로 생겨난 비어가르텐은 큰 인기를 끌며 독일 전역으로 확산됐어요. 현재는 독일의 독특한 식문화로 자리 잡았죠.

독일 남부를 관통하는 로맨틱 가도의 표지판.

독일을 대표하는 축제가 이곳에서!

뮌헨과 맥주의 관계는 여기서 그치지 않아요. 바로 이곳 뮌헨에서 독일을 대표하는 맥주 축제 '옥토버페스트(Oktoberfest)'가 열리거든요! 독일어로 '10월 축제'를 의미하는 옥토버페스트는 매년 9월 셋째 주 토요일부터 10월의 첫째 주 일요일까지 2주간에

전 세계에서 매년 수백만 명이 찾아오는 뮌헨의 옥토버페스트.

Munich

걸쳐 도시 전역에서 펼쳐진답니다. 독일 국민은 물론 전 세계에서 매년 700만 명이 넘는 여행객들이 옥토버페스트를 즐기기 위해 뮌헨을 찾고 있죠.

옥토버페스트의 시작은 19세기로 거슬러 올라갑니다. 1810년 10월, 바이에른왕국의 황태자 루트비히 1세의 결혼식을 기념하여 뮌헨 곳곳에서 음악제와 스포츠 경기, 연회 등이 열렸어요. 그후 매해 10월 지역민들이 한데 모여 벌이던 축제는 1883년 뮌헨의 유명 맥주 회사들이 이를 후원하면서 음악제와 가장행렬, 그리고 흥겨운 맥주 파티가 함께 열리는 형태로 발전했죠. 지금은 옥토버페스트 하면 맥주를 떠올릴 정도로 맥주가 축제의 주인공으로 자리매김했고요. 지역의 자그마한 민속 축제가 전 세계인을 사로잡는 축제로 성장한 거예요. 참고로 옥토버페스트는 브라질의 리우 카니발, 일본의 삿포로 눈 축제와 함께 세계 3대 축제로 손꼽힌답니다.

저는 7월에 뮌헨을 여행했기에 옥토버페스트를 직접 즐기지는 못했어요. 하지만 맥주의 도시 뮌헨에는 이 아쉬움을 달래 줄 비어가르텐이 즐비해 있었답니다. 그중 뮌헨에서도 손에 꼽히는 유명 비어가르텐 '아우구스티너 켈러'로 향했죠. 평일 낮이었음에도 야외 테이블 자리는 인파로 북적였어요. 웃고 떠들며 식사를 하는 사람들과 양손 가득 커다란 잔을 들고 바삐 움직이는 종업원까지…. 그곳에는 뮌헨의 활기가 그대로 녹아들어 있었죠. 맥주와 함께 독일식 양배추 절임인 사워크라우트와 전통 소시지 브라트부르스트를 늦은 점심으로 먹으면서 저는 역동적인 뮌헨의 매력을 십분 즐겼답니다.

바이에른, 독일 산업의 중심이 되다

뮌헨에는 옥토버페스트만큼 유명한 것이 하나 더 있는데요, 바로 BMW예요. BMW가 '바이에른 자동차 공업'을 의미하는 독일어 'Bayerische Motoren Werke'의 줄임말이라는 사실, 알고 계셨나요? 독일을 대표하는 자동차 브랜드 BMW의 본사와 박물관이 이곳 뮌헨에 있어요. 그중에서도 일반인에게 개방된 BMW 박물관은 과거부터 지금까지 BMW 자동차가 발전해 온 역사를 한눈에 볼 수 있어 관광객들 사이에서 인기가 높답니다.

BMW 박물관은 뮌헨 중심에서 전철을 타고 30분 정도 달리면 도착하는 올림피아파크역에 위치해 있습니다. 역을 나오면 BMW의 엠블럼이 꼭대기 한가운데 자리한 본사 빌딩이 보여요. 그리고 그 옆에 현대적인 은빛 외관의 BMW 박물관이 있죠. 박물관에는 BMW의 전통을 느낄 수 있는 20세기 초 클래식 자동차부터 최신 전기차까지 다양한 자동차들이 전시되어 있어요. 직접 자동차에 탑승해 볼 수도 있고, 자동차의 자세한 성능과 제작 과

정을 영상과 사진으로 살펴볼 수 있습니다. 그리고 BMW의 우수한 엔진이 발달해 온 과정과 역사를 배울 수 있다는 점이 인상적이었어요.

뮌헨을 비롯해 바이에른 지역에는 BMW, 아우디 등 독일을 대표하는 세계적 자동차 회사의 본사와 공장들이 많아요. 뿐만 아니라 바이에른은 대형 기계, 장비 등을 생산하는 제조업과 IT, 생명과학 기술을 다루는 첨단산업이 균형적으로 발달해 있답니다. 이 때문에 독일에서 가장 부유한 지역이자 유럽 내에서도 손꼽히게 잘 사는 지역으로 유명하죠.

바이에른이 지금처럼 독일 경제를 이끄는 지역으로 성장한 것은 제2차 세계대전 이후부터였어요. 1945년 제2차 세계대전이 종식된 후, 독일은 영국, 프랑스, 미국 등의 연합군이 지원하는 서독과 소련군이 주둔하는 동독으로 분할됐습니다. 수도 베를린 역시 서베를린과 동베를린으로 나뉘었죠. 독일 역사의 비극이라고 불리는 이 사건은 아이러니하게도 바이에른이 발전하는 계기가 됐어요. 베를린과 동독에 있던 많은 기업이 바이에른으로 이전하기 시작했거든요. 이념에 의해 분할된 수도 베를린은 혼란스럽기 그지없었고, 사회주의 체제의 동독에서는 기업 활동 자체를 할수 없었으니까요. 그렇게 바이에른의 중심 도시 뮌헨과 그 주변 지역에 기업과 공장들이 하나둘 터를 내렸고, 바이에른의 경제는 비약적으로 발전하기 시작했습니다. 그 흐름이 지금까지도 이어져 유럽의 제조업 및 첨단산업을 대표하는 지역으로 자리매김하고 있어요.

어두운 역사 또한 독일의 일부

BMW 박물관 외에도 뮌헨에는 감탄이 절로 나오는 멋진 공간들이 많아요. 뮌헨 중심가에 위치한 시청사와 인형 공연이 열리는 시계탑 등 사람들을 매료시키는 곳이 한둘이 아니죠.

하지만 멋지고 유명한 뮌헨의 관광지를 뒤로하고 여러분에게 소개하고픈 곳은 따로 있어요. 바로 뮌헨 중앙역에 위치한 나치 기록박물관입니다. 역동적이고 아름다운 도시 뮌헨은 나치 독일을 이끈 히틀러의 정치적 고향이기도 하답니다. 히틀러는 뮌헨에서 나치 활동을 하며 정치적인 입지를 다졌어요. 그리고 1923년 자신을 지지하는 세력과 함께 국가를 전복시키려다 미수에 그친 뮌헨 폭동을 일으키며 일약 스타덤에 올랐죠. 결국 나치 독일의 지도자가 돼 1939년 제2차 세계대전을 일으켰고요. 히틀러와 나치 지도부는 이곳 뮌헨을 나치 독일의 중심지로 삼아 전쟁을 진두지휘했어요.

뮌헨은 이 같은 도시의 어두운 역사를 쉬쉬하며 감추지 않았어요. 2015년에는 나치 독일의 본부 '브라운 하우스'가 있던 부지

나치스 본부가 있던 자리에 건립된 나치 기록 박물관.

에 나치기록박물관을 건립하기도 했죠. 선조가 벌인 만행을, 이 도시가 중심이 되어 일어난 비극을 잊지 않겠다는 의미에서요. 나치기록박물관에는 나치 독일의 행적을 보다 깊이 알 수 있는 자료들이 전시돼 있습니다.

고즈넉하고 아름다운 관광지, 신나고 왁자지껄한 축제만이 어떤 도시 혹은 나라를 설명하지는 않을 거예요. 어두운 역사와 뼈아픈 과오 또한 그 도시의 중요한 면면이죠. 어때요, 뮌헨은 정말 독일의 모든 걸 담고 있죠?

독일의 음악은 세계 제일!

모차르트(왼쪽)와 슈트라우스(오른쪽).

세계적인 맥주 축제와 소시지, BMW, 축구팀 등 독일 남부 바이에른의 중심 도시 뮌헨을 대표하는 것이 정말 많지요. 이는 뮌헨이 16세기 초반 바이에른왕국의 수도로 지정된 이후 유럽의 정치, 경제, 문화의 중심지로 기능해 왔기 때문일 것입니다. 뿐만 아니라 뮌헨은 오랜 세월 바이에른을 통치해 온 비텔스바흐 가문의 수준 높은 예술적 안목 덕분에 18세기 이후 바로크 예술이 꽃피는 무대가 되었어요.

이를 잘 보여 주듯이 뮌헨에서는 훌륭한 음악가들이 활동했습니다. 역사상 가장 위대한 음악가로 추앙받는 모차르트가 여섯 살때 고향인 오스트리아 잘츠부르크를 벗어나 처음으로 연주 여행을 떠난 곳도 바로 이곳 뮌헨이었어요. 이 세계적인 신동은 바이에른왕국의 통치자 막시밀리안 요제프가 지켜보는 앞에서 성공적인 데뷔 연주를 선보이며 크게 화제가 되었다고 하죠.

독일 후기 낭만파 최고의 작곡가로 불리는 리하르트 슈트라우스도 뮌헨 출신입니다. 수석 호른 연주자였던 아버지를 비롯해 가족 중 전문 음악가가 많았기 때문에 슈트라우스는 어릴 적부터 음악에 익숙해질 수밖에 없는 환경에서 자랐다고 해요. 특히 아버지가 재직하던 뮌헨 궁정 오페라 관현악단의 연주에도 자주 참여하면서 음악적 역량을 키울 수 있었죠.

이처럼 탄탄한 예술적 토대를 갖추고 있는 뮌헨에는 오늘날에도 '바이에른 방송 교향악단', '뮌헨 필하모닉'과 같은 세계 최정상급 관현악단이 자리 잡고 있어요. 그리고 뮌헨국립음악대학 역시 세계 최고의 예술대학 중 하나로 인정받고 있답니다.

GATE 11

가장 살기 좋은
도시는 어디?

Melbourne

도착지	**멜버른**

국가	**오스트레일리아 (빅토리아주)**
면적	**9,993km²**
해발고도	**31m**
인구	**약 531만 명**
특징	**오스트레일리아 인구 1위 도시**
	19세기 말 골드러시로 급성장

8,548km
Seoul — Melbourne

세계에서 가장 살기 좋은 도시는 어디일까요? '살기 좋다'는 건 주관적인 느낌이기 때문에 정확한 순위를 매기기는 어렵지만, 영국 경제지 《이코노미스트》의 조사에 따르면 무려 7년 연속으로 세계에서 가장 살기 좋은 도시로 선정된 곳이 있다고 합니다. 더군다나 이 도시가 속한 나라는 오랜 기간 세계에서 가장 많은 이민자들이 향했던 곳이면서, 한동안 우리나라 대학생들이 워킹 홀리데이 목적지로 가장 선호했던 곳이기도 해요. 이번 장에서는 남반구 오스트레일리아의 유럽풍 도시, 멜버른으로 떠나 보겠습니다.

오스트레일리아의
수도는?

오스트레일리아는 '미지의 남방 대륙'이라는 뜻의 라틴어에서 따온 이름이에요. 지구에서 가장 작은 대륙인 오스트레일리아는 수만 년 전부터 애버리지니Aborigine 민족이 살아온 땅이지만, 서구 세계에는 17세기에 이르러서야 알려졌어요. 1606년 최신식 지도 제작법을 토대로 항해 기술을 발달시켜 온 네덜란드인들이 오스트레일리아를 발견해 '뉴 홀랜드'라고 이름을 붙이고는 쓸모없는 땅으로 여겨 손을 대지 않았죠. 그래서 다시 그로부터 200년 가까이 미지의 영역으로 남아 있다가, 18세기 후반 비로소 영국의 제임스 쿡 선장이 동부 해안을 개척하며 유럽 문명이 들어오기 시작했어요.

오스트레일리아의 면적은 약 770만 제곱킬로미터로 대한민국의 77배에 달할 만큼 거대하지만 인구는 약 2,700만 명으로 절반에 미치지 못합니다. 인구밀도가 굉장히 낮다는 뜻이지요. 그 이유는 오스트레일리아 영토 대부분이 건조 기후의 불모지, '아웃백the Outback'이기 때문이에요. 그에 따라 인구 대부분이 온대기후가 나타나는 동부 해안가에 모여 살고 있죠. 바로 이곳 동부 해안 지역에 우리가 잘 알고 있는 오스트레일리아의 대표적인 두 도시, 시드니와 멜버른이 위치해 있습니다.

대부분의 나라에서 수도는 인구가 가장 많아서 세계적으로 잘 알려진 도시인 경우가 많죠. 그런 면에서 많은 사람들이 오스트레일리아의 수도를 시드니로 잘못 알고 있어요. 사실 오스트레일리아의 수도는 남동부 내륙에 위치한 캔버라입니다. 오스트레일리아가 영국으로부터 독립한 후 수도를 정할 당시 자연스럽게 가장 큰 두 도시 시드니와 멜버른이 후보로 떠올랐는데요, 두 도시가 경쟁하면서 서로 한 치도 양보하지 않은 탓에 결국 어부지리로 두 도시의 가운데 위치한 캔버라로 수도가 정해졌답니다. 캔버라는 우리나라의 세종시처럼 계획적으로 형성된 행정 도시라고 볼 수 있죠.

오스트레일리아 빅토리아주 남동쪽 끝자락에 위치한 멜버른.

유럽풍 도시 멜버른

그렇다면 오스트레일리아에서 가장 인구가 많은 도시는 어디일까요? 대부분 오스트레일리아의 가장 유명한 랜드마크이자 세계문화유산으로도 지정된 오페라하우스를 떠올려, 시드니를 답으로 제시할 거예요. 그런데 오스트레일리아의 최대 도시는 멜버른이랍니다. 2024년 기준 멜버른의 인구는 약 531만 명으로 시드니에 비해 근소하게 앞섭니다. 멜버른은 오랜 기간 오스트레일리아의 경제적 중심지이자 최대 도시였던 시드니에 비해 늦게 개발되었지만, 1850년대 인근 지역에서 금광이 발견되면서부터 인구가 폭발적으로 늘어나며 발전하기 시작했어요. 특히 멜버른은 '남반구의 파리'라는 별명이 붙을 정도로 문화적 성장이 눈부셨죠.

문화의 도시라는 별명답게 멜버른의 구시가에는 개척 초기의 건축물들이 잘 보존되어 있어요. 특히 오스트레일리아에서 가장 오래된 기차역인 플린더스스트리트역이나 19세기 고딕 양식으로 지어진 세인트폴성당 앞을 걸을 때면 마치 유럽의 거리에 온 듯한 느낌이 듭니다. 반면에 대로를 벗어나 골목으로 들어가면 자유로운 예술가들의 흔적이 남겨진 그라피티 거리 '호시어레인'이 나와요. 이 거리는 플린더스스트리트역에서 가까워 도보로 이동이 가능한데, 2004년 큰 인기를 끌었던 드라마 〈미안하다 사랑한다〉의 촬영지로 유명한 곳이어서 한국인 관광객들이 특히 많이 눈에 띄죠.

멜버른은 도시 전체가 거대한 그물망처럼 트램으로 연결되어 있어요. 총길이 250킬로미터, 노선 수 24개, 정류장 수 1,700개에 달하는 어마어마한 규모의 트램 체계가 도심 안팎을 촘촘히 연결하고 있어서 멜버른의 주민들과 여행객들에게 최적의 교통수단이 됩니다. 멜버른 트램의 또 다른 장점은 도시 중심부에서는 요금이 완전 무료라는 점이에요. 무료 구간에서는 교통 카드나 승차권 없이 트램을 타고 도시의 주요 거점을 자유롭게 이동할 수

Melbourne

자유로운 예술가들의 그라피티 작품이 인상적인 호시어레인.

있는 거죠. 이 무료 구간 안에 도시의 주요 명소가 몰려 있기 때문에 멜버른을 처음 방문한 여행객들에게 트램은 필수 교통수단이라고 할 수 있답니다.

한여름의 크리스마스

남반구에 위치한 오스트레일리아는 우리가 살고 있는 북반구와는 계절이 정반대예요. 한국에서 한여름인 8월이 오스트레일리아에서는 한겨울이고, 반대로 12월은 한여름인 거죠. 그 덕분에 멜버른에서는 이색적인 계절 여행을 할 수 있는데 대표적으로 한여름 밤의 '서머 크리스마스'를 즐길 수 있답니다. 트램을 타고 멜버른의 중심가 플린더스스트리트에 도착하니 크리스마스 분위기를 만끽하기 위해 많은 인파가 몰려 있었어요. 크리스마스 트리와 장식이 여기저기 보이는 건 크리스마스 시즌의 여느 도시와 비슷하지만, 사람들의 가벼운 옷차림에서 여름의 공기를 확인할 수 있었죠! 신나는 캐럴과 화려한 불빛 속에서 한국과는 또 다른 크리스마스의 분위기를 즐겨 봤어요.

오스트레일리아는 거대한 국토의 면적 덕분에 위도대마다 다양한 기후가 나타납니다. 대륙의 북쪽, 적도 부근에 위치한 도시 다윈에서는 건기와 우기가 반복되는 열대사바나기후가 나타나

Melbourne

고, 남서쪽 끝자락에 위치한 도시 퍼스에서는 여름이 뜨겁고 건조한 지중해성기후를 경험할 수 있죠. 반면 남동부 멜버른에서는 서안해양성기후가 나타납니다. 서안해양성기후는 바다에서 불어오는 편서풍의 영향으로 여름이 그다지 덥지 않고, 겨울도 별로 춥지 않은 기후예요. 영국과 꼭 닮은 이 기후 때문에 많은 초기 이민자들이 정착지로 멜버른을 선택했을 거라 추측해 볼 수 있습니다. 이후로도 온화한 기후 덕분에 많은 이민자들이 모여들어, 멜버른은 지구상의 인구 100만 이상 도시 중 가장 남쪽에 위치한 도시입니다.

멜버른의 중심에는 야라강Yarra River이 흐릅니다. 건물들이 빼곡하게 들어선 멜버른 도심의 남쪽에 위치한 프린스다리를 건너면 알렉산드라정원을 비롯해 멜버른공원, 야라벤드공원 등 다양한 규모의 정원과 공원들이 펼쳐져 있어요. 나무와 수풀이 가득한 이 거대한 규모의 녹지대는 야라강 건너편에 건물들이 우뚝 솟아 있는 도심 경관과 어우러집니다. 푸르른 숲속을 걷다 보니 여행의 피로가 싹 가시는 기분이네요! 저는 공원에 있는 아늑한 카페에 들러 세계적으로 유명한 오스트레일리아 커피와 함께 잠시 여유를 만끽했답니다.

알렉산드라정원에서 바라본 멜버른 도심.

Melbourne

조화가 필요해!

근대 이후 오스트레일리아의 역사는 곧 이민의 역사라고 할 수 있어요. 앞서 살펴보았듯이 17세기 초 네덜란드인들에게 처음 발견된 이 거대한 땅은 18세기 후반 영국의 제임스 쿡 선장에 의해 본격적으로 개척되기 시작했죠. 개척 초기, 현재 시드니에 해당하는 동부 해안 지역에 처음으로 정착한 사람들은 주로 런던에서 온 범죄자들이었습니다. 당시 산업혁명 초기였던 영국에서는 빈부 격차가 심해지면서 경범죄가 부쩍 늘어났는데요, 급기야 교도소가 꽉 차서 범죄자들을 수용할 공간이 부족해지자 새로 발견된 땅인 오스트레일리아를 일종의 유배지로 택했던 거예요. 하지만 곧 개척과 이민의 규모가 확대되면서 범죄자뿐 아니라 영국의 일반인들과 다른 유럽 국가의 사람들도 오스트레일리아로 대거 유입되기 시작했어요. 20세기에 들어선 이후에는 오스트레일리아의 산업이 발달하면서 많은 노동력이 필요했고, 그에 따라 중국을 비롯해 아시아 여러 국가들에서도 연쇄적으로 이주민이 모여들었죠.

그러면서 오스트레일리아는 더 이상 유럽계 백인이 주류인 국가가 아니게 됐어요. 과거 오스트레일리아에는 백인 이외 인종을 차별하고 그들의 이민을 제한하는 '백호주의' 정책이 있었습니다. 하지만 넓은 영토에 비해 노동인구가 부족했고, 그에 따라 비

백인 인구가 점차 증가했어요. 이들의 발언권이 세지면서 1970년대 이후 이민법이 개정되었죠. 그 결과 더 많은 국가에서 다양한 인종의 사람들이 오스트레일리아로 이주했고, 1980년대에 이르러 그 비율이 영국계 이민자의 비율을 넘어서게 되었습니다. 오늘날 오스트레일리아는 세계에서 가장 성공적인 다문화 국가예요. 거주자의 50퍼센트 이상이 해외에서 태어났거나 부모가 해외에서 태어난 사람이죠. 인구 500만 이상의 인구가 살아가는 멜버른은 이민자들의 도시답게 다양한 국적의 음식점들로 가득합니다. 유럽풍 건물들 사이로 지나가는 트램을 바라보면서 베트남 현지만큼이나 맛있는 쌀국수를 음미해 봅니다.

서두에서도 이야기한 것처럼 '살기 좋다'라는 느낌은 주관적이기 때문에 정확히 측정해서 순위를 매기기 어려워요. 그런데도 수많은 사람들이 멜버른을 세계에서 가장 살기 좋은 도시로 꼽는 이유는 뭘까요? 넓은 영토에 비해 적은 인구, 높은 평균 소득, 부의 재분배가 비교적 원활하게 이루어지는 사회제도, 아름다운 자연환경과 온화한 기후 등 외부적인 조건은 많습니다. 게다가 유럽 문화의 흔적이 남아 있는 건축물들과 남반구에서만 느낄 수 있는 이색적인 계절 경험까지, 여행지로서도 매력이 차고 넘치죠.

하지만 이처럼 다양한 이유들을 제치고, 결국 멜버른이 살기 좋은 도시인 근본적 이유는 다양한 사람과 문화가 한데 어울려 조화를 이루고 있다는 점이라고 생각합니다. 현대는 전 세계의

Melbourne

여름옷을 입고 크리스마스를 맞이하는 오스트레일리아 사람들.

사회가 하나로 연결되어 있는 세계화 시대예요. 그렇기에 다른 인종과 문화에 대한 이해와 포용이 무엇보다도 중요하죠. 나와 다르다는 이유만으로 상대를 혐오하고 배척하는 태도는 결국 한 사회, 국가를 고립시키고 발전을 막습니다. 서로의 다름을 이해하고 아름답게 조화를 이루고 있는 멜버른의 모습을 바라보며 살기 좋은 도시란 어떤 도시인지에 대해서 다시 한번 생각해 볼 수 있었어요.

축구보다도 재밌다고?

선수들 사이 격렬한 몸싸움이 특징인
오스트레일리안 풋볼.

축구와 럭비를 섞어 놓았다고 할 수 있는 오스트레일리안 풋볼은 우리에게는 다소 생소하지만 호주에서는 그 어떤 종목도 따라잡을 수 없는 인기를 누리며 국민 스포츠로 자리매김하고 있습니다. 오지 풋볼Aussie Football, 오지 룰Aussie Rules로도 불리죠. 선수들 사이 몸싸움이 굉장히 격렬하고 실제 난투극도 자주 벌어진다는 점이 특징이에요.

오스트레일리안 풋볼이 시작된 곳이 바로 멜버른이에요. 멜버른의 축구 단체가 오스트레일리아의 환경과 정서에 맞춰서, 영국 축구의 규칙을 변형해 개발했다고 합니다. 그래서 다른 도시들과 비교해 멜버른에서 유독 많은 사랑을 받아요. 오스트레일리아 내 최대 규모의 스포츠 리그인 AFL도 멜버른이 포함된 빅토리아주의 주립 리그로 출발했죠. 럭비 리그의 인기가 더 높은 시드니, 퀸즐랜드주 등을 제외하면 호주 전역에서 가장 인기 있는 종목이 바로 오스트레일리안 풋볼입니다.

축구, 럭비, 미식축구 등은 모두 근대 이전까지 영국에서 행해졌던 초기 풋볼에서 갈라져 나온 형제 종목들이라고 할 수 있어요. 우리나라에서는 그중 축구 외의 종목은 인지도가 없다시피 한 데 비해 미국에서는 미식축구가 압도적인 인기를 자랑하는 등, 스포츠의 위상은 국가마다 다릅니다. 세상에는 정말 다양한 스포츠들이 있어요. 그중에는 많은 인기를 누리면서 관심을 받는 스포츠가 있는가 하면 상대적으로 관심을 덜 받는 종목도 있습니다. 모든 스포츠에는 서로 다른 특징과 매력이 있기에 더 많은 사람들이 다채로운 스포츠에 관심을 갖고 즐겼으면 좋겠어요.

지중해와 와인,
바캉스 그 자체!

Nice

도착지   **니스**

국가	**프랑스 (프로방스알프코트다쥐르)**
면적	**72km²**
해발고도	**0~520m**
인구	**약 35만 명**
특징	**유럽의 대표적인 휴양도시**
	모나코, 이탈리아와 인접

9,133km
Seoul — Nice

항상 손꼽아 기다리게 되는 여름방학! 여러분은 여름방학이면 꼭 하고 싶은 일로 어떤 것이 떠오르나요? 저는 역시 여행을 가장 먼저 떠올리게 됩니다. 여름날의 여행은 다른 계절에 맛볼 수 없는 그만의 매력이 있거든요. 이번 시간에는 작년 여름 프랑스 남부의 한 도시를 여행했던 이야기를 소개할까 해요. 그 여정을 통해 저는 여행의 의미를 다시금 새길 수 있었답니다.

지중해로
여름휴가를 떠나요

미국 하와이, 일본 오키나와, 그리고 우리나라의 제주도. 이 세 곳의 공통점은 무엇일까요? 우선 섬이라는 점을 들 수 있겠네요. 본토보다 남쪽에 위치해 기후가 비교적 따뜻하기도 하고요. 그래서 이 섬들은 각 나라의 대표적인 휴양지로 손꼽힙니다. 바다로 둘러싸여 손쉽게 해수욕을 즐길 수 있고, 무엇보다 날씨가 따뜻하니까요. 그렇다면 휴가는 기본 한 달 이상 다녀온다는 바캉스의 민족, 유럽인들이 사랑하는 휴양지는 어디일까요? 바로

니스는 프랑스 남동부에 위치해 이탈리아 등과 가깝다.

지중해 연안의 도시들이랍니다.

바캉스 시즌의 절정인 7월 말, 여름휴가를 즐기러 도시를 떠나는 파리 사람들에 섞여 프랑스의 고속 열차 테제베에 올랐어요. 목적지는 지중해와 맞닿은 프랑스 남부의 해안 도시 니스였죠. 파리를 벗어나자 도시의 흔적은 서서히 사라지고, 창밖으로는 끝없이 넓은 들판과 그곳을 여유롭게 노니는 수많은 소 떼들이 보이기 시작했습니다. 역시 유럽 제일의 농업 국가 프랑스답네요.

계속해서 남쪽으로 달리던 기차가 프랑스 제2의 도시 리옹을 지나면서부터 창밖으로는 키 작은 관목들이 눈에 띄게 늘어났어요. 지중해성 기후의 상징과도 같은 포도, 오렌지, 올리브 나무들이 끝없이 펼쳐져 있었죠. 서늘하고 습한 겨울과는 대조적으로 뜨겁고 건조한 여름이 특징인 지중해성기후에서는 뙤약볕을 필요로 하는 포도, 오렌지, 올리브가 잘 자랍니다. 그래서 남부 프랑스, 이탈리아, 스페인 등 지중해 국가들에서 질 좋은 포도로 만든 와인이 유명한 거죠!

지중해성기후, 어딘가 익숙하지 않나요? 가우디의 작품을 보기 위해 한여름 더위를 뚫고 이곳저곳을 돌아다녔던 에스파냐 바르셀로나 여행기에서 나왔죠! 여름에 무척 건조한 기후로 지중해 주변 지역에서 나타난다고요. 이 같은 기후적 특성 때문에 이곳은 여름 휴양지로 인기가 높답니다. 특히 흐리고 추운 날이 많은 북유럽 국가와 영국에 사는 사람들이 강렬하게 내리쬐는 햇볕을 즐기기 위해 여름이면 이곳을 찾죠. 그중에서도 니스는 바다가 유독 아름답고 날씨가 좋기로 유명해 대표적인 유럽의 휴양도시로 손꼽히고요.

어느덧 차창 밖으로는 파란 지중해가 보이기 시작했어요. 기차는 남프랑스에서 가장 큰 도시 마르세유를 지나 종착역 니스 빌에 다다랐죠. 역사 안에는 설레는 마음으로 니스에 막 발을 디딘 사람과 니스를 뒤로하고 떠나는 사람들이 한데 뒤섞여 시끌벅적했어요. 하지만 휴양지 특유의 분위기 때문인지 파리 지하철의

혼잡함과는 다른 여유로움이 느껴졌죠.

해수욕, 산책, 문화 예술? 뭐든 말만 해!

니스Nice라는 지명은 과거 이 지역에 살던 사람들이 적을 상대로 이긴 후 이를 기념해 도시에 그리스신화에 등장하는 승리의 여신 니케Nike의 이름을 붙인 것에서 유래합니다. 영어로 '좋다'라는 의미의 형용사 'nice'와 철자가 같은 니스는 지중해성기후의 대명사답게 날씨가 너무 좋아 '나이스한 니스'라는 별명을 가지고 있죠. 너무 과대평가된 거 아니냐고요? 여러분도 니스를 여행하면 '좋다'라는 말이 절로 나올 거예요. 니스는 관광과 휴양에 최적화된 도시거든요!

앞서 말했듯 니스는 지중해성기후 중에서도 날씨가 온화하기로 유명해요. 1년 중 300일 이상이 맑은 날이라고 하죠. 어딘가로 여행을 갔을 때 날씨가 쾌청하면 괜스레 기분이 더 좋아지잖아요? 특히 여름휴가로 바닷가에 갔을 때 날씨가 맑아야 해수욕하는 맛이 있고요. 니스에서는 이 모든 게 가능해요. 쨍쨍한 햇볕 아래에서 시원하게 해수욕을 하고 일광욕을 즐길 수 있죠. 그리고 가장 중요한 점! 니스는 바다가 그림같이 아름답습니다. 좁은 골목을 빠져나와 니스 해변에 다다르니 청량한 파란색으로 빛나는

푸른 지중해를 만끽할 수 있는 니스 해변.

바다가 저를 반겨 주었어요. 해변을 따라 늘어선 야자수, 아름다운 바다, 바다만큼 새파란 하늘, 그리고 그 속에서 여유롭게 해수욕과 일광욕을 즐기는 사람들까지…. 마치 한 폭의 명화 같다는 생각이 들었죠. 눈으로 즐기기도 잠시, 곧바로 저는 바다에 몸을 던졌답니다.

해수욕을 마치고는 해변과 연결된 산책로 '프롬나드데장글레 Promenade des Anglais'를 걸었어요. '영국인의 산책로'라는 뜻을 가진 프롬나드데장글레는 니스를 대표하는 관광지예요. 완만한 곡선 형태인 니스 해변을 따라 조성된 산책로로, 바다 방향으로 의자가 줄지어 놓여 있어 산책을 즐기다 잠시 자리에 앉아 지중해를 바라보기 좋죠.

아니, 그런데 프랑스 남부의 도시에 왜 갑자기 영국인이 등장하냐고요? 이 요상한 이름 속에는 과거부터 휴양도시로 인기가 드높았던 니스의 역사가 담겨 있답니다. 18세기 후반 따뜻한 지중해의 날씨를 동경하던 영국 귀족들은 니스를 휴양지로 애용하기 시작했어요. 니스 해변을 따라 펼쳐진 경치를 즐기며 겨울을 보냈죠. 그러다 영국인 목사의 주도로 이곳 니스 해변에 산책로를 조성하는 사업이 펼쳐졌는데, 이때 니스에 머물던 영국인들이 많은 돈을 기부하면서 지금의 산책로가 만들어졌답니다. 이 때문에 영국인의 산책로라는 이름이 붙게 됐고요.

해수욕을 즐기고 난 후 잠시 벤치에서 쉬는 사람부터 조깅하

Nice

는 사람, 자전거 타는 사람, 보드를 타는 사람 등 다양한 사람들이 저마다 활기찬 분위기를 만들어 내고 있습니다. 해변 반대편에는 '오션 뷰'를 즐기면서 식사를 할 수 있는 고급 레스토랑과 바가 줄지어 있습니다. 해가 지고 어둠이 찾아오면 점점 불빛이 화려해지고 신나는 음악도 들려오죠.

니스의 매력에 빠진 사람 중에는 예술가도 많았어요. 이들은 아름다운 니스 해변과 도시의 풍경에 반해 이곳에 머무르며 수많은 예술 작품을 남겼죠. 그래서 니스 시내를 돌아다니다 보면 크고 작은 미술관을 심심찮게 만날 수 있답니다. 니스를 대표하는 미술관으로는 야수파의 거장 앙리 마티스의 작품 450여 점이 전시된 '마티스미술관'이 있어요. 프랑스 북부에서 태어난 마티스는 1918년부터 1954년에 세상을 떠날 때까지 니스에 머물며 원색을 강조하는 자신만의 예술 세계를 발전시켜 나갔답니다. 색채의 마술사라는 별명을 지닌 화가 마르크 샤갈의 미술관도 이곳 니스에 있어요. 러시아에서 태어나 프랑스로 망명한 그는 노년기에 니스 인근에 터를 잡고 1985년, 98세로 생을 마감할 때까지 이곳에서 예술 활동을 펼쳤죠. 이때 남긴 작품 수백 점이 현재 샤갈미술관에 전시돼 있고요. 이 외에도 니스현대미술관, 마세나미술관 등 다양한 예술 작품을 감상할 수 있는 미술관이 많아 니스는 '예술의 도시'라고도 불린답니다.

니스 시내의 광장에서 즐기는 버스킹 공연.

Nice

니스의 매력은 끝이 없네

사실 먼 옛날 니스는 프랑스 땅이 아니었
어요. 1860년 토리노조약으로 프랑스에 양도
되기 전까지는 제노바공화국, 사보이아공국,
사르데냐왕국 같은 이탈리아 국가들의 영향
권 아래에 있었죠. 이 때문에 니스는 프랑스와
이탈리아의 문화가 공존하는 도시랍니다.

제가 니스를 여행하며 느낀 이탈리아의 흔
적은 바로 이탈리아식 아이스크림 젤라토였
어요. 니스 구시가지를 돌아다니는데 젤라토
를 든 사람들이 정말 많았거든요! 알고 보니
이곳 니스 구시가지에는 60년 넘게 내려온 유
명 젤라토 가게 '페노키오'가 자리 잡고 있었
죠. 그래서 영업 시작 시간에 딱 맞춰 도착했
는데도 벌써부터 사람들이 줄을 서서 기다리
고 있었어요. '여긴 이탈리아도 아닌 남프랑스
인데 웬 젤라토?'라는 의문과 함께 '과연 맛이
있을까?' 하는 걱정이 들었지만, 젤라토를 한
입 베어 무니 그 의심은 싹 사라졌어요. 이탈
리아 본토의 맛 그대로였거든요! 과거 이탈리

아 땅이었던 니스에는 이탈리아계 주민이 많은데, 이 같은 도시의 특성이 식문화에 고스란히 녹아든 것이었죠. 그렇게 저는 니스에서 프랑스 본토와는 다른 낯선 매력을 느꼈답니다.

니스의 또 다른 장점은 주변의 유명한 도시들을 여행하기가 무척 편리하다는 거예요. 우선 세계적으로 명성이 드높은 칸영화제가 열리는 도시, 칸이 니스에서 차로 30분 거리에 있어요. 봉준호 감독이 〈기생충〉으로 황금종려상을 받은 영화제 말이에요. 제가 칸을 방문했을 때는 또 다른 대한민국의 거장 박찬욱 감독의 영화 〈헤어질 결심〉이 경쟁 부문에 진출해 큰 주목을 받았답니다. 예술영화의 메카 칸에 걸린 우리나라 영화 포스터를 보는 것만으로도 자부심이 차올랐죠. 이 외에도 니스 동쪽으로 기차를 타고 20분을 가면 세계에서 두 번째로 작은 도시국가 모나코공국이 나와요. 세계적인 자동차 레이싱 대회인 포뮬러원, 즉 F1이 펼쳐지는 곳이죠. 레몬 축제로 유명한 휴양지 망통도 니스에서 차로 불과 30분 거리에 있답니다.

여행의 의미

맛있는 젤라토를 즐긴 뒤에 구시가를 마저 구경했어요. 구시가의 거리는 확실히 역 근처 쭉쭉 뻗은 대로와는 대조적으로 좁

Nice

고 불규칙한 것이 특징이에요. 마치 베네치아의 미로 같은 좁은 골목처럼 이곳 니스의 골목도 소박하고 예스러운 매력이 있어요. 지중해의 뜨거운 햇볕이 좁은 골목의 그늘에 가려지고 시원한 바람이 불어오네요. 이곳 구시가에는 '니스 꽃시장'으로도 불리는 '쿠르살레야마켓'이 있는데요. 상인들이 우렁찬 목소리로 향기로운 꽃과 과일, 채소를 팔고 있고, 현지인들과 관광객들이 어우러져 활기를 띠고 있어요. 게다가 이곳에서는 신선한 현지 음식을 비교적 저렴한 가격에 맛볼 수 있죠! 쿠르살레야마켓에서는 특히 병아리콩으로 만든 빵 '소카Socca'가 유명하답니다.

니스를 여행할수록 왜 이곳이 전 세계 사람들에게 사랑받는 휴양지가 됐는지 알 수 있었어요. 물놀이와 액티비티를 신나게 즐기는 동시에 예술 작품을 감상하며 낭만과 감성을 채울 수 있는 도시는 흔치 않잖아요? 여기에 더해 주변 도시들도 유명 관광지여서 여행의 재미가 배가 되고요! 그리고 무엇보다 저를 매혹한 니스의 가장 큰 매력은 '여유'였답니다.

한때는 여러 도시를 숨 가쁘게 돌아다니며 주어진 시간 내에 최대한 많은 걸 봐야 좋은 여행이라고 생각했어요. 제가 쓴 시간과 돈이 아깝지 않게 바쁜 하루를 보내야만 진정한 여행을 했다고 여겼죠. 하지만 니스에서의 여정은 그렇지 않았어요. 해변에서 유유자적하며 해수욕을 즐겼고, 산책로를 걸으며 느긋하게 일몰을 감상했죠. 그 과정에서 저는 한 가지 사실을 깨달았답니다. '낮

니스 꽃 시장으로 불리는 쿠르살레야마켓.

선 곳에서의 쉼' 또한 멋진 여행이 될 수 있다는 걸 말이지요. 여러분에게 여행은 어떤 의미인가요? 여행을 떠올렸을 때 과거의 저처럼 분주함이 가장 먼저 생각났다면, 이번 장의 도시 니스를 떠올리며 쉼표로 가득한 여행을 선택지에 추가해 보는 건 어떨까요? 여행의 의미가 다양해질수록 우리는 한 번의 여행을 통해서도 무척 많은 걸 느끼고 깨달을 수 있을 테니까요.

테러에 흔들리는 톨레랑스

수백 명의 사상자를 낸 2016년 니스 테러.

2016년 7월 14일, 니스에서 비극적인 테러가 발생했습니다. 프랑스 최대 기념일인 혁명 기념일(바스티유의 날)을 맞아 프롬나드데장글레에서 불꽃놀이를 즐기던 시민들을 향해 테러리스트가 대형 트럭을 몰고 돌진한 거예요. 한여름 밤에 축제를 즐기던 사람들이 갑작스레 공격을 받으면서 해변은 삽시간에 아수라장이 됐고, 사망자는 80여 명, 부상자는 450여 명에 달했습니다. 가해자는 니스 거주 튀니지인으로, 이슬람 극단주의자로 알려졌어요. 이슬람 테러 단체인 IS가 자신들이 계획한 테러라고 주장했지만, 직접적인 연관성은 확인되지 않았다고 해요.

당시 프랑스 대통령 프랑수아 올랑드는 사건 발생 후 급히 국가안보회의를 열고 경계 태세를 강화했습니다. 대국민 연설을 통해 테러 희생자들과 유가족에게 위로를 표하며 테러의 위협에 맞서 끝까지 강경하게 싸우겠다고 말했죠. 이어서 "우리는 국가의 통합을 이루고자 했고, 그에 대한 대답은 오로지 통합된 프랑스여야 한다"며 프랑스의 화합을 촉구했습니다.

다양성을 존중하는 프랑스의 가치관 '톨레랑스'가 흔들리고 있습니다. 이전까지 프랑스는 이슬람권을 비롯해 아프리카와 중동 지역 등지로부터 유입되는 이주민에 대해서 다른 유럽 국가들에 비해 개방적인 태도를 유지해 왔어요. 하지만 그런 프랑스가 2015년 파리 테러를 비롯해 이슬람 극단주의자의 테러로 연이어 피해를 입으면서, 사회 전반적으로 이슬람과 이주민 전반에 대한 혐오가 확산하고 있다고 합니다.

'공간'에서
'장소'가
될 때…

: 추상적인 공간과 의미 있는 장소에 대한 이야기

"도시는 하나의 장소이며 의미의 중심입니다." - 『공간과 장소』, 이 푸 투안

여러분은 혹시 '공간'과 '장소'의 차이점에 대해 알고 있나요? 두 단어는 일상생활 속에서 '어떤 곳'이라는 의미로 별다른 구분 없이 사용되곤 하죠. 그런데 사실 이 단어는 제법 다른 뜻을 지니고 있습니다. 우선 공간space은 구체적인 숫자나 문자로 표현할 수 있는 위치예요. 경도와 위도로 표시할 수 있는 어떤 국가의 수도나, 도로명 주소로 나타낼 수 있는 건물의 위치 등이 공간의 대표적인 예죠. 공간은 누구에게나 동일한 것으로 객관적이고, 그래서 실체가 없이 추상적인 개념입니다.

반면에 장소place는 개인의 주관적인 경험으로 기억되는 곳이에요. 똑같은 장소여도 그 장소를 받아들이는 감정은 각자의 경험과 기억에 따라 다르죠. 예를 들어 정동진이라는 장소는 누군가에게는 사랑하는 연인과의 추억으로 기억될 수 있지만, 또 다른 누군가에게는 쓰디쓴 이별의 기억으로 다가올 수 있는 것처럼요. 그런 의미에서 장소는 공간과 달리 개개인의 주관적 감정을 통해 형성되는 개념이라고 할 수 있습니다. 누구에게든 좋아하는 곳이나 살고 싶은 곳이 하나쯤 있을 텐데요. 그런 곳이 개인에게 중요한 하나의 장소인 거예요.

경험과 삶,
애착이 녹아든 장소

중국계 미국인 인문 지리학자 이 푸 투안은 저서 『공간과 장소』에서 '장소애topophilia'라는 개념을 제시했어요. 장소애는 말 그대로 특정한 장소에 대한 애착을 의미하는데요, 그는 '공간에 우리의 경험과 삶, 애착이 녹아들 때 장소가 된다'고 이야기합니다. 공간이라는 객관적이고 추상적이었던 대상에 개인의 주관적인 감정과 의미가 스며들어서 탄생한 것이 장소라는 말이죠. 그러니 어딘가에 살고 싶다는 주관적 감정이 가리키는 곳은 공간이 아니라 장소라고 할 수 있습니다.

이러한 장소의 대표적인 예가 바로 고향이에요. 고향을 정의 내리는 기준은 여러 가지가 있어요. 태어난 곳일 수도 있고, 가장 오

공간과 장소

이푸 투안의 책 『공간과 장소』

30년 넘게 사랑받는 인문지리학의 고전

래 살았던 곳일 수도 있습니다. 아니면 인생의 중요한 시기를 보낸 곳일 수도 있죠. 대표적인 예로 고등학교를 졸업한 지역을 들 수 있겠네요. 어찌 되었든 고향에는 어릴 적 함께 놀던 친구들과의 추억이 있고, 익숙한 동네 거리의 풍경이 살아 숨 쉽니다.

누군가는 이런 이야기에 반론을 제기할 수도 있어요. 어딘가에 살고 싶은 이유는 단순히 주관적인 감정이나 기억이 연관되어 있어서가 아니라, 그곳에 살만한 구체적인 장점이 있기 때문이라고 말이에요. 예를 들자면 교통이 편리하고, 일자리가 풍부하며, 다양한 문화시설이 마련되어 있는 도시에는 어김없이 수많은 사람이 몰리잖아요? 하지만 그와 같은 조건들을 기준으로 떠올리는 도시는 주관적인 장소라기보다 객관적이고 추상적인 공간에 가깝다고 볼 수 있습니다. 수학 계산식을 풀면 객관적인 답이 나오는 것처럼, 지하철역으로부터의 거리, 산업 기

반과 GDP, 문화시설의 분포와 같이 객관적 지표들을 통해 도출된 개념이기 때문이에요. 다만 이런 도시에도 개인의 추억이 담긴 장소들이 분명 존재할 수 있겠죠. 누군가는 도시가 고향일 수도 있고, 또 누군가는 이 도시를 방문해 다양한 추억들을 쌓았을 수도 있으니까요.

이렇게 공간과 장소의 개념에 대해 자세히 살펴본 이유는 어딘가에 살고 싶다는 생각이 상황에 따라 주관적일 수도 있고 객관적일 수도 있기 때문입니다. 여행지에 대한 선호 역시 비슷한데, '여행하고 싶다'는 느낌은 본질적으로 주관성을 띠기 때문에 객관적인 순위를 매기기가 어렵죠. 여행지가 갖는 특징은 저마다 다르고 그것을 장점으로 받아들일지 단점으로 생각할지도 개인마다 모두 다르기 때문이에요. 그런데 또 한편으로는 사람들이 여행의 목적지를 꼭 느낌과 기억으로만 정하는 것은 아닙니다. 누군가

코펜하겐에서 만난 친구들과 함께 즐긴
삼겹살 파티.

뮌헨에서 거닐었던 드넓은 공원.

는 아름다운 자연경관을 보기 위해 떠나고 다른 누군가는 혁신적인 경제 시스템을 경험하기 위해서 떠납니다. 또 다른 누군가는 그저 휴식을 목적으로 별 생각 없이 최저가 비행기표를 검색해 구매하기도 하고요. 이렇게 저마다의 이유로 좋아하는 도시나 나라를 꼽습니다. 무언가를 좋아하는 이유, 어느 하나로 단정 지을 수 없는 그 이유를 찬찬히 뜯어보는 것도 의미 있는 일이라고 생각합니다.

어떤 도시에서 살고 싶니?

3부 '진짜 여기서 살고 싶다…'에서는 각각 다른 이유에서 살기 좋은 네 도시로 떠나 봤어요. '세계에서 가장 행복한 나라'라는 타이틀을 가지고 있는 덴마크의 수도 코펜하겐은 유럽과 스칸디나비아반도를 이어주는, 작지만 강한 도시예요. 덴마크는 기본적으로 사회복지 제도가 잘 정비된 북유럽의 시스템을 공유하면서도 디자인과 낙농업에 특화된 산업구조를 갖고 있습니다. 운하가 잘 발달되어 있어 물류가 원활히 이루어지는 도시이고, 대부분 지역이 평지라서 자전거를 타기에 매우 적합한 도시이기도 해요. 특히 자전거 운전자를 위한 교통 시스템이 매우 잘 갖춰져 있는 점이 인상적이었죠. 코펜하겐에 살고 있는 현지인과 이야기를 나누면서 이곳은 물가가 높은 대신에 소득 또한 높고 실업 급여, 교육 지원 등 사회보장제도가 촘촘하게 잘 마련돼 있어서 사회 안전망이 탄탄하다는 있다는 인상을 받

멜버른에서 경험한 한여름 밤의 크리스마스.

았습니다.

독일 남부 바이에른주의 중심 도시 뮌헨은 세계적인 맥주 축제인 옥토버페스트가 열리는 곳으로 유명해요. 수많은 양조장에서 자체 제조하는 특색 있는 풍미의 맥주들과 그에 어울리는 다양한 음식들, 그리고 수천 명이 축제를 즐길 수 있는 비어가르텐은 맥주의 도시 뮌헨의 상징이죠. 뮌헨은 오랜 기간 바이에른 지역의 중심 도시로 자리해 왔기 때문에 시청이 위치한 마리엔광장 주변에는 아름다운 유럽풍 건물도 가득해요. 도시 한가운데 영국의 영향을 받아 조성된 아름다운 공원들은 시민들에게 휴식을 선물해 주고요. 뿐만 아니라 세계적인 명차로 손꼽히는 BMW의 본사와 공장이 자리한 독일 경제의 중심지이면서, 독일 남부 주요 도시들과 체코 프라하, 오스트리아 잘츠부르크 등 인근 국가의 주요 도시들과 인접한 교통의 중심지라는 장점도 있습니다.

남반구의 거대한 땅 오스트레일리아에는 세계에서 가장 살기 좋은 도시로 꼽히는 멜버른이 있죠. 오랜 기간 문명의 손길이 닿지 않았던 이 미지의 땅에 18세기부터 유럽의 문명과 함께 수많은 이민자들이 몰려들었어요. 초기에 정착한 유럽계 이민자들과 20세기 이후 유입된 아시아계 이민자들이 처음에는 물과 기름처럼 서로 융합되지 못해, 백호주의로 대표되는 인종차별주의가 생겨나기도 했습니다. 하지만 점차 수많은 국가에서 다양한 인종의 이민자들이 유입되어 정착하면서 이민 제도의 개선이 이루어졌고 현재는 세계에서 가장 성공적인 다문화 국가가 되었어요. 온화하고 쾌적한 기후 환경, 유럽을 그대로 옮긴 듯한 거리,

도심과 조화를 이루는 공원과 정원 등 멜버른이 살기 좋은 도시인 이유가 참 많은데요, 그중에서도 가장 중요한 건 이처럼 다양한 사람들이 어울려 살아가면서 이루는 아름다운 조화라고 생각합니다.

남부 프랑스 니스는 지중해의 향기를 느낄 수 있는 대표적인 휴양도시예요. 니스 주변에는 매력적인 도시들이 다채롭게 모여 있습니다. 프랑스 남동부 지역에서 가장 큰 도시인 마르세유와 국제영화제로 유명한 칸이 기차로 30분 이내에 위치하고 있죠. 향수의 본고장으로 유명한 도시 그라스와 세계에서 두 번째로 작은 도시국가 모나코 역시 가까워서 니스에 숙소를 잡으면 이 모든 도시를 효율적으로 여행할 수 있어요. 그리고 휴양도시의 핵심 매력은 누가 뭐라 해도

아름다운 해변이죠. 니스 해변과 수평으로 마주하고 있는 산책로 프롬나드데장글레를 걸으면서 지중해의 상쾌한 공기를 마실 수도 있고, 동글동글한 몽돌 자갈밭을 넘어 파란 바다로 뛰어들 수도 있어요. 게다가 니스는 많은 유럽인들이 바캉스를 즐기는 곳이기 때문에 해변가에 다양한 음식점들이 들어서 있어요. 이곳에서 아름다운 바다 경관을 즐기면서 'Nice'한 여름밤의 분위기를 즐길 수 있습니다.

나만의 '장소', 런던

마지막으로는 저의 장소애에 대해서도 이

니스에서 즐겼던 지중해의 여유로운 밤공기.

야기해 볼까요? 이전까지 저는 누군가 여행했던 도시 중 어느 곳을 가장 좋아하냐고 물으면 망설임 없이 '런던'이라고 대답해 왔어요. 그러면 사람들은 하나같이 "런던 같은 '노잼' 도시를 왜 좋아하냐?" 하고 묻거나 악명 높은 영국 음식에 대해 이야기하며 저의 장소애를 비판했죠.

그럼에도 런던에 대한 저의 사랑이 식지 않았던 이유는 무엇이었을까요? 우선 런던은 제 첫 유럽 여행의 시작점이었습니다. 런던이라는 장소에서 해외여행의 설렘을 처음 느꼈고, 다양한 시행착오를 겪으면서 여행의 매력에 흠뻑 빠지게 되었죠. 그래서 템즈강, 빅벤, 타워브리지와 같은 런던의 랜드마크들이 제게는 전 세계 어느 랜드마크보다 사랑스럽습니다. 결과적으로 런던은 세계의 수많은 도시 중 제가 가장 여러 번 여행한 도시가 됐어요. 저에게 런던은 영국의 수도, 세계 금융의 중심지와 같은 공간으로서의 런던이 아니라 노팅힐의 시끌벅적한 거리, 피커딜리서커스의 러시아워, 빨간색 2층 버스와 블랙캡과 같은 주관적인 추억과 의미가 담겨 있는 장소로서의 런던이 된 거예요.

4부

오히려
좋을지도?

흥하고 망하고 변화하는 도시

GATE 13

어제의 동지,
오늘의 라이벌

Manchester

도착지 **맨체스터**

국가	**영국 (잉글랜드)**
면적	**116km²**
해발고도	**40m**
인구	**약 57만 명**
특징	**축구의 도시**
	리버풀의 라이벌

8,802km
Seoul — Manchester

손흥민 선수를 모르는 친구는 없겠죠? 영국 프로 축구팀 토트넘 홋스퍼에서 뛰고 있는 우리나라 선수 말이에요. 지금은 손흥민 선수가 한국을 대표하는 축구 영웅이지만, 제가 대학교를 다니던 시절에는 이 선수가 우리나라 축구 팬의 마음을 뒤흔들어 놓았어요. 바로 두 개의 심장을 가진 사나이, 박지성 선수죠. 이번 시간에는 박지성 선수의 경기를 보기 위해 영국의 한 도시로 향했던 제 축구 여행기를 들려줄게요.

돌고 돌아
다시 영국으로

저는 영국을 참 좋아해요. 첫 번째 유럽 여행을 영국 런던에서 시작했기 때문이죠. 영국은 유럽 대륙의 서쪽에 위치한 섬나라예요. 흔히들 영국을 영어로 잉글랜드England라고 칭하는데, 이는 사실 정확하지 않은 표현이랍니다. 잉글랜드는 영국을 이루는 두 개의 섬 중 하나인 그레이트브리튼섬의 중남부 지역을 일컫는 말이에요. 이곳에 수도 런던을 비롯한 대도시들과 정부 주요 기관이 위치해 있어 사람들이 영국을 잉글랜드로 생각하는 것이죠. 영국은 잉글랜드를 비롯해 스코틀랜드, 웨일스, 북아일랜드로 구성된 연합국으로, 영어로는 UK(United Kingdom of Great Britain and Northern Ireland)라고 부르는 게 가장 정확해요.

여행 당시 저는 유럽 대륙을 시계 방향으로 한 바퀴 돌고 있었는데요. 출발지였던 영국으로 돌아와 수도 런던에 발을 딛자마자 기차표를 끊고 맨체스터라는 도시로 향했죠. 스포츠를 좋아하는 친구들이라면 도시 이름을 듣자마자 제가 맨체스터로 떠난 이유를 짐작했을 거예요. 바로 축구 때문이었죠! 제가 유럽을 여행할 당시 해외 축구의 선구자 박지성 선수가 맨체스터를 연고지로 하는 축구팀 맨체스터 유나이티드에서 뛰고 있었어요. 한국 선수가 유럽 축구 리그에 진출했는데, 축구 팬이자 한국인으로서 안 가볼 수 없겠죠? 맨체스터 유나이티드 홈구장에서 열리는 경기 티켓을 미리 구입하고, 박지성 선수의 유니폼까지 챙기는 등 경기를 즐길 만반의 준비를 마친 저는 부푼 마음을 안고 맨체스터로 향했답니다.

든든한 동료에서 철천지원수로

맨체스터는 잉글랜드 북서부 그레이터맨체스터주의 내륙에 자리 잡은 도시예요. 18세기 말 영국에서 산업혁명이 시작되며

Manchester

맨체스터는 그레이트브리튼섬 중부, 해안으로부터
50킬로미터 거리에 위치해 있다.

크게 발전한 도시죠. 맨체스터는 풍부한 석탄 매장량을 바탕으로
많은 공산품을 생산하며 영국을 대표하는 공업 도시로 성장했어
요. 특히 면직물 산업에서는 세계 최고의 생산량을 자랑했는데,
이를 증명하듯 그 시절 맨체스터의 별명은 '면의 도시'였답니다.

사방이 바다로 둘러싸인 영국에서 다른 국가로 생산품을 수
출하기 위해 필요한 것은 무엇일까요? 정답은 바로 항구와 배입
니다. 하지만 잉글랜드 내륙에 위치한 맨체스터에는 항구가 없었
죠. 이에 맨체스터는 50킬로미터 떨어진 인근의 항구도시 리버
풀을 이용했어요. 맨체스터에서 만든 제품을 리버풀 항구로 보
내 전 세계로 수출했고, 이에 따라 리버풀도 엄청난 호황을 누리

게 됩니다. 맨체스터를 등에 업고 세계 최고의 항구도시로 발돋
움했죠. 리버풀의 황금기였던 19세기에는 전 세계 무역량의 절반
이 리버풀 항구를 거쳤다고 해요. 무역수지 흑자로 수도 런던보
다 부유했다고 하죠. 참고로 영화 〈타이타닉〉의 배경이 되는 거대
한 여객선 타이타닉호가 출발한 항구도 바로 이곳이랍니다.

  상생하던 두 도시는 19세기 말, 한 사건을 계기로 사이가 걷
잡을 수 없이 틀어져요. 1893년 맨체스터가 도시에 운하를 준공
하면서 말이죠. 이전까지 맨체스터는 생산품을 철도를 통해 리버
풀로 운반한 뒤, 리버풀 항구에 있는 거대한 화물선을 이용해 전
세계로 수출했어요. 이 과정에서 리버풀에 운송비나 통관세 같은
비용을 냈고요. 그러다 1890년대 들어 리버풀에 지불하는 운송
비에 부담을 느끼기 시작한 맨체스터는 도시를 가로질러 대서양
으로 이어지는 머지강을 운하로 개발하기로 결정합니다. 수심이
얕은 머지강을 대형 선박도 이동할 수 있는 운하로 만든 후, 공장
가동에 필요한 물자를 직접 수입하고 지역에서 만든 생산품을 수
출했죠. 맨체스터와 교역하며 들어오던 운송비 수입이 줄자 리버
풀 경제는 순식간에 휘청거렸고, 맨체스터를 향한 리버풀 시민들
의 불만이 싹트기 시작했어요. 그간 리버풀의 철도 및 항구 운송
료가 비싸다고 생각하던 맨체스터 시민들도 리버풀에 적대감을
쌓으면서 두 도시는 철천지원수보다 못한 사이로 변하고 말았답
니다.

Manchester

야라강 하구에서 저 멀리 맨체스터까지 이어진 운하.

이 갈등은 곧 지역의 프로 축구팀 맨체스터 유나이티드 FC와 리버풀 FC의 경쟁으로 이어졌어요. 우리나라도 스포츠 종목에서 한일전이 열린다고 하면 눈에 불을 켜고 응원하잖아요? 축구 종주국인 영국에서는 예로부터 지역 간 갈등이 지역 축구팀 간 경쟁으로 표출되곤 했어요. 공교롭게도 운하 개발로 맨체스터와 리버풀 사이 감정의 골이 깊어졌을 무렵, 두 지역의 축구팀이 창단되면서 지역민들의 적대감에 더욱 불이 붙었죠. 그렇게 시작된 맨체스터 유나이티드 FC와 리버풀 FC의 라이벌 구도는 현재까지도 이어지고 있어요. 두 팀의 경기는 '노스웨스트 더비'로 불리며 잉글랜드 프리미어 리그(EPL)에서뿐 아니라 유럽 축구 전체에서도 치열한 라이벌전으로 손꼽힌답니다.

축구의 도시 맨체스터

한겨울이었는데도 기차 밖은 잔디가 시들지 않아 녹음이 짙었어요. 서안해양성기후로 1년 내내 습하고 춥지 않은 영국에서 볼 수 있는 특별한 풍경이죠. 축구는 잔디밭에서 펼쳐지는 스포츠이기에 잔디의 상태도 경기의 승패를 판가름하는 중요한 요소 중 하나인데요, '1년 내내 잔디를 좋은 상태로 유지할 수 있는 환경에서 세계 최고의 축구 리그가 만들어지는구나.'라는 생각이 제 머릿속을 스쳐 지나갔답니다.

두 시간 정도를 달려 맨체스터역에 도착한 저는 트램을 타고 트래퍼드로 향했어요. 한시라도 빨리 맨체스터 유나이티드의 명물인 홈구장 '올드트래퍼드'를 두 눈에 담고 싶었거든요. 축구를 잘 모르는 친구들에게 설명하자면, 맨체스터에는 두 개의 프로 축구팀이 있어요. 맨체스터 시내와 5킬로미터 떨어진 외곽 지역 트래퍼드를 연고지로 하는 맨체스터 유나이티드 FC, 그리고 도시 중심부 맨체스터를 연고지로 하는 맨체스터 시티 FC죠. 같은 지역에 속하지만, 두 팀은 '맨체스터 더비'라는 이름으로 유명한

Manchester

맨체스터 유나이티드의 수없이 많은 우승 트로피.

축구 라이벌이랍니다.

맨체스터 유나이티드는 한때 EPL 최다 우승 팀이자 잉글랜드에서 유일하게 EPL, FA컵, 챔피언스 리그에서 모두 우승하며 메이저 축구 대회 3관왕을 가리키는 '트레블'을 이룬 팀이에요. 성적이 예전만 못하지만, 지금도 축구 명문 구단을 이야기할 때면 빠지지 않고 등장하죠. 제가 방문할 당시에는 세계적인 축구 선수 호날두가 팀의 주축으로 활약하고 있어 전 세계의 관심이 크게 집중된 때였어요. 그 당시 최고의 축구팀에, 최고의 축구 선수를 볼 수 있다니…. 설레는 마음을 안고 바삐 트래퍼드로 발걸음을 옮긴 제 심정이 이해되지 않나요?

앙숙이지만 비슷해

맨체스터는 제2차 세계대전 이후 급격히 쇠퇴하기 시작했어요. 영국에서 공업을 중심으로 하는 2차산업의 경제성이 떨어졌기 때문이죠. 도시 인구가 절반 가까이 줄고, 공장이 줄줄이 망하면서 맨체스터는 몰락하고 말았답니다. 하지만 1990년대에 들어서 서비스업, 금융업, 첨단산업을 핵심 산업으로 선정하고, 이를 중심으로 도시 재생 사업을 벌이면서 서서히 부활했어요. 그 당시 잘나가던 축구팀 맨체스터 유나이티드를 활용한 관광업도 도시 경제를 살리는 데 한몫했죠. 이후 맨체스터는 영국을 대표하는 핵심 도시로 성장했어요. 현재는 런던의 뒤를 잇는 영국 제2의 도시로 평가받고 있답니다. 축구 도시로는 단연코 1위고 말고요 (요즘은 맨체스터 유나이티드가 부진한 대신 맨체스터 시티가 엄청난 활약을 보이고 있거든요).

세계적인 축구의 도시답게 맨체스터 거리에서는 축구 베팅 가게들이 눈에 많이 띄었어요. 축구 베팅은 축구 경기 결과로 당첨금을 얻는 국가 공인 내기라고 할 수 있죠. 확률이 높을수록 배당률이 낮은데 예를 들어 맨체스터 유나이티드는 강팀이니까 '맨유의 승리'는 배당률 1.2배, 당시에도 세계적인 선수였던 '호날두가 첫 골을 넣는다'는 배당률 2배, 하는 식이었죠. 하지만 제가 맨체스터에 온 이유인 '박지성 선수가 첫 골을 넣는다'의 배당률은

Manchester

올드 트래퍼드에서 박지성 선수의 유니폼을 입고.

무려 1 대 250이었어요. 이걸 보고 '오늘 경기에서 박지성 선수가 골을 넣기는커녕 출전하기도 어렵겠구나!'라고 생각했답니다. 저는 피시앤칩스로 점심을 먹은 후 트램을 타고 맨체스터 유나이티드의 홈구장이 있는 트래퍼드로 향했어요.

올드 트래퍼드로 갈수록 팀의 상징색인 빨간색 유니폼을 입은 사람이 하나둘 늘어나기 시작했어요. 몇몇 팬들은 팀 깃발을 흔들고 응원가를 부르며 행진하기도 했죠. 아직 경기가 시작하려면 한참 남았는데 말이에요. 거리를 붉게 물들인 맨체스터 유나이티드 팬들과 함께 저는 꿈에 그리던 올드트래퍼드에 입성했답니다. 경기는 어땠냐고요? 그야말로 제 인생 최고의 경기였어요!

경기장에 입장하는 양 팀 선수들.

선발로 뽑힌 박지성 선수가 전반 13분에 선제골을 터뜨렸거든요.

기쁨이 채 가시기도 전에 박지성 선수의 결정적인 어시스트로 맨체스터 유나이티드의 두 번째 골이 탄생했습니다. 90분 동안 최고의 활약을 펼친 박지성 선수는 그날 경기의 최우수 선수로 선정됐죠. 맨체스터 유나이티드의 압승은 말할 것도 없고요. 경기가 끝난 뒤에도 승리의 열기는 식지 않았어요. 빨간 옷을 입은 맨체스터 유나이티드 팬으로 가득 찬 트램은 시내로 향하는 내내 들썩였고, 한 청년이 팀의 응원가 〈Glory Glory Man United〉를 부르면서 시작된 '떼창'은 트램 밖까지 울려 퍼졌죠. 그 순간 느꼈던 감동은 아직도 생생하답니다. 마치 대한민국이 4강까지 진출했던 2002 월드컵 당시의 열기를 다시 경험하는 듯했죠.

세계 축구의 중심에서 짜릿한 승리의 분위기를 느낄 수 있다는 사실에 감격하는 동시에 맨체스터에 사는 사람들은 매주 이런 분위기를 느낄 수 있겠다고 생각하니 너무도 부러운 생각이 들었어요. 맨체스터 시내에 도착해서도 그 열기는 가라앉지 않습니다. 길에서 우연히 만난 할머니는 제가 입고 있는 빨간 유니폼을 보시고 '오늘 축구 어떻게 됐어?'라고 물어보시더라고요. 할머니가 축구 경기 결과를 그것도 처음 보는 사람한테 물어보다니! 역시 축구의 나라, 축구의 도시답습니다.

비틀즈의 고향

그리고 다음 날 아침, 저는 적진(?)으로 향했어요. 바로 리버풀로 말이죠. 이왕 잉글랜드 북부까지 왔으니 명문 축구팀 리버풀 FC의 홈구장도 보고 가자는 마음이었죠. 맨체스터처럼 리버풀도 영국의 산업구조가 바뀌며 쇠퇴의 길을 걸었어요. 긴 암흑기를 지나 2000년대 들어 관광업을 중심으로 도시 재생 사업을 진행하며 변화하기 시작했죠. 그 중심에는 맨체스터와 마찬가지로 축구가 있었고요. 그래서인지 리버풀 FC의 유니폼이나 각종 축구 기념품을 판매하는 가게를 거리 곳곳에서 손쉽게 찾아볼 수 있었어요.

경기장 투어 후 저는 리버풀의 또 다른 자랑 비틀즈를 만나러 갔습니다. 앞서 여러 번 등장하기도 한 비틀즈는 리버풀 출신 록 밴드로 타임지에서 선정한 '20세기 가장 중요한 인물 100인'에 선정되었을 정도로 유명하답니다. 〈Yesterday〉, 〈Let It Be〉와 같은 노래는 세월이 많이 흘렀지만 아직도 잘 알려져 있죠. 비틀즈의 멤버 중 하나인 폴 매카트니의 이름을 딴 매튜스트리트에서는 비틀즈의 노래가 계속해서 흘러 나왔어요. 펍에 들어가서 맥주를 한잔하며 비틀즈 음악에 취했고, 펍에 설치된 커다란 스크린에서는 리버풀 FC 경기가 끊임없이 재생되고 있었습니다.

펍에 앉아 며칠간의 여행을 회상하는데, 문득 두 도시가 비슷

비틀즈의 음악으로 가득 차 있던 매튜스트리트.

하다는 생각이 들지 뭐예요. 산업혁명 시기에 급격히 성장한 후 쇠퇴의 길을 걷다 재기에 성공한 것은 물론 축구에 살고 축구에 죽는 도시라는 점에서 말이죠. 지금의 우리가 맨체스터와 리버풀 이 상생하던 관계란 걸 쉽게 상상하지 못하듯, 미래에는 이 두 도 시가 앙숙이라는 사실에 놀라워하는 날이 오지 않을까요?

맨체스터를 상징하는 밴드

맨체스터 출신의 갤러거 형제, 리암(왼쪽)과 노엘(오른쪽).

축구를 좋아하는 사람들에게 맨체스터는 세계적인 축구팀 맨체스터 유나이티드와 맨체스터 시티로 유명한 곳이지만, 음악을 좋아하는 사람들에게 맨체스터는 전설적인 록 밴드 '오아시스'의 탄생지로 유명한 곳입니다. 오아시스는 1990년대 영국 록 음악 '브릿팝'의 대표 주자로서 세계를 휘어잡았던 밴드로 1991년 맨체스터에서 결성되었어요. 2009년 해체되기 전까지 밴드의 주축을 이룬 갤러거 형제, 보컬리스트 리암 갤러거와 기타리스트 노엘 갤러거가 맨체스터의 노동자 집안에서 태어나 자란 것으로 유명하죠. 뿐만 아니라 노엘 갤러거는 축구팀 맨체스터 시티의 열성적인 팬으로도 유명해요. 라이벌 구단인 맨체스터 유나이티드의 전설적인 선수 웨인 루니가 노엘의 팬을 자처하며 기타에 사인을 요청하자, 맨체스터 시티의 상징 색인 하늘색으로 기타 전체를 칠하고 맨체스터 시티 응원가의 가사를 잔뜩 써서 돌려보냈다는 일화가 잘 알려져 있습니다.

오아시스는 맨체스터에서 탄생한 데다가 잉글랜드 북부 노동자 계층의 청년 문화를 대변하는 상징적인 밴드이기 때문에 맨체스터의 시민들에게는 아주 각별한 존재라고 합니다. 그래서 맨체스터에 큰 사고나 재해와 같이 슬픈 사건이 발생하거나 축제와 행사가 열려 시민들이 모이면 어김없이 오아시스의 대표곡인 〈Don't Look Back In Anger〉를 다 같이 부르곤 한답니다.

GATE 14

잘나가던 도시의
날개 없는 추락

Hong Kong

도착지 **홍콩**

국가	**중국**
면적	**1,114km²**
해발고도	**0~957m**
인구	**약 750만 명**
특징	**156년간 영국이 통치 후 중국에 반환**
	금융 센터와 무역항이 밀집

2,090km
Seoul — Hong Kong

중국의 특별행정구인 홍콩은 한때 대한민국, 싱가포르, 대만과 함께 '아시아의 네 마리의 용'으로 불리며 비상했어요. 강렬한 네온사인 아래 동서양이 신비롭게 조화를 이루는 홍콩의 이색적 경관과 독보적인 감성의 영화들이 아시아를 넘어 전 세계를 매료했죠. 뿐만 아니라 홍콩은 낮은 세금과 높은 접근성을 바탕으로 쇼핑을 비롯해 다양한 서비스 산업과 물류 산업이 크게 발달한 곳이기도 해요. 이 아시아의 작은 도시가 뉴욕, 런던과 함께 세계 3대 금융 허브로 손꼽힐 정도니까요. 하지만 2024년 현재, 화려했던 홍콩의 불빛이 점차 사그라들고 있어요.

아시아의 허브

제가 처음 홍콩 여행을 하게 된 이유도 앞서 말한 것처럼 홍콩이 아시아의 국가와 도시들을 연결하는 '허브hub'이기 때문이었습니다. 비행기를 타고 다른 나라로 가던 중에 홍콩을 경유했거든요. 돈이 넉넉하지 않았던 대학생 시절 직항보다는 경유 비행기를 자주 탔는데, 일반적으로 직항 노선보다 경유 노선 항공권이 20~30퍼센트 정도 저렴하기 때문이죠. 홍콩 란터우섬에 위치한 첵랍콕국제공항은 아시아를 비롯한 세계 각국 수많은 항공사의 비행기가 경유하는 아시아의 대표적 허브 공항 중 하나입니

홍콩은 중국 남동부 해안의 도시로 남중국해를 마주하고 있다.

다. 제 경우에는 태국 방콕으로 향하는 여정에 홍콩이 경유지로 끼어 있었는데요, 기왕 경유하는 김에 며칠 동안 홍콩에 머무르면서 여행하면 좋겠다고 생각했던 거예요. 그렇게 우연히 시작된 여행이었지만, 준비 과정에서 알면 알수록 홍콩을 단순히 중국의 특별행정구역 중 하나로 정의 내리기에는 부족하다는 느낌을 받았습니다.

홍콩은 청나라 때까지 중국 영토의 일부였지만 1842년 난징 조약으로 영국의 식민 지배를 받게 되었어요. 이후 1997년 중국 의 특별행정구로 편입되기 전까지 무려 150년이 넘게 서구 문명 의 영향을 받은 홍콩은 동서양의 문화가 공존하는 독특한 사회를

형성했죠. 영국의 자본주의, 그중에서도 특히 금융 산업의 영향을 크게 받은 홍콩은 유럽과 아시아가 만나는 관문으로서 역할을 수행하면서 전 세계의 자본이 유입되는 금융 허브로 성장하게 됩니다. 자연스럽게 사회 전반적으로 서양 문화가 뿌리 깊게 자리 잡았고, 공용어로 영어를 사용하는 홍콩은 세계에서 손꼽히는 국제 도시가 됐답니다.

집값만큼은 압도적 1위!

홍콩의 집값은 세계에서 가장 비싼 곳으로 유명한데 무려 세계에서 물가가 가장 비싼 도시인 뉴욕보다도 집값만큼은 월등하게 비싸다고 해요. 그 원인으로는 우선 홍콩의 지리적 환경을 들 수 있습니다. 홍콩의 면적은 1,114제곱킬로미터로 서울의 약 두 배지만, 오히려 인구는 750만 명으로 936만 명인 서울보다 적어요. 즉, 단순 수치상으로만 보면 서울의 인구밀도가 홍콩보다 높죠. 하지만 면적의 대부분이 평지인 서울과는 달리 홍콩은 대부분 개발이 어려운 산지로 이루어져 있습니다. 자연스럽게 홍콩은 건물을 짓거나 사람이 거주할 만한 공간이 매우 부족해서, 홍콩인 대부분이 구룡반도와 홍콩섬의 일부 지역에 밀집해 살고 있어요. 그래서 아파트와 같은 주거 공간의 가격이 매우 비싼 거죠.

홍콩의 집값이 비싼 데는 제도적인 이유도 있어요. 홍콩 정부는 낮은 법인세로 세계 다수의 기업들을 유치하며 홍콩을 아시아의 금융 허브로 발전시켰는데요, 그렇게 기업에게 얻지 못한 세금 수입을 토지 임대를 통해 보완하고 있어요. 홍콩의 모든 토지를 정부가 소유하면서 토지 가격을 경매에 붙여 수익을 얻습니다. 이렇게 경매를 통해 매겨지다 보니 자연스럽게 집값이 천정부지로 치솟은 거죠. 그 외에도 1997년 홍콩이 중국으로 반환된 이후 중국 본토로부터 막대한 투기 자본이 홍콩으로 유입되면서 부동산 가격을 폭등시키기도 했어요. 이렇게 살인적인 집값으로 인해 홍콩인들은 웬만한 부자가 아닌 이상 넓고 쾌적한 집에서 거주하는 게 불가능하고, 일반 서민들은 대부분 '관처럼 좁은 집'인 관재방棺材房에 살고 있다고 해요.

홍콩의 부동산 가격은 이처럼 매우 비싸지만, 그래도 외식 물가는 상대적으로 저렴한 편이에요. 물론 팬데믹과 환율 상승으로 지금은 홍콩의 외식 물가도 많이 올랐다고 하지만, 제가 여행할 당시에는 한국에 비해서 확실히 저렴하다고 느꼈답니다. 홍콩의 집은 비싼 가격이 무색하게 굉장히 좁아요. 그래서 좁은 방에 조리 시설이 없는 경우가 대부분이고, 필연적으로 많은 홍콩 사람들이 집에서 식사를 해결하기보다는 외식을 하거나 테이크아웃을 하는 경우가 많아요.

저는 홍콩 서민들의 아침 식사를 책임진다는 차찬텡에 가 보

좁은 방이 빽빽하게 들어찬 홍콩의 고층 아파트.

기로 했어요. 차찬텡은 동양의 국물 문화와 서양의 식재료가 합쳐진 홍콩식 퓨전 요리를 먹을 수 있는 카페 겸 식당이에요. 저는 홍콩 사람들이 많이 주문하는 마카로니 햄 수프와 소시지 라면을 선택했는데요. 이름 그대로 마카로니 햄 수프는 하얀 국물에 마카로니와 햄이 둥둥 떠 있는 수프였고, 소시지 라면은 인스턴트 라면에 소시지가 들어 있었어요. 아주 맛있다고 할 수는 없었지

홍콩식 카페 겸 식당인 차찬텡에서 식사 중인 주민들.

만 가격이 정말 저렴했고, 동양과 서양이 만나는 홍콩의 특색이
잘 반영된 음식이라는 생각이 들었답니다.

빽빽한 건물, 현란한 조명

이번엔 화려한 홍콩의 도심으로 떠나 볼까요? 홍콩 시가지는
크게 구룡반도와 홍콩섬 지역으로 나눌 수 있어요. 저는 영국식
빨간색 2층 버스를 타고 홍콩의 빌딩 숲으로 들어갔어요. 구룡반
도에 위치한 몽콕은 홍콩 하면 떠오르는, 낡았지만 높고 화려한

이색적 건물들이 모여 있는 곳입니다. 몽콕은 특히 홍콩 최대 규모의 재래시장들이 밀집해 있는 곳으로 의류, 운동화, 전자 제품과 같은 다양한 물건들을 비교적 저렴하게 살 수 있는 곳이죠. 나단로드^{Nathan Road}를 따라 남쪽으로 걸어 내려가면 홍콩 최대의 번화가 중 하나인 침사추이가 나옵니다. 구룡반도 끝에 위치한 침사추이에는 홍콩 최대의 쇼핑센터인 하버시티가 위치하고 있어요. 이곳을 걷다 보면 '홍콩에는 편의점보다 샤넬 매장이 더 많다'는 말이 실감납니다.

홍콩은 아시아의 금융 허브로 불리는 만큼 전 세계 은행과 다국적기업의 빌딩들이 빼곡하게 들어서 있습니다. 특히 밤이 되면 이 수많은 빌딩들이 내는 빛들이 장관을 이루죠. 홍콩의 야경을 제대로 감상할 수 있는 방법은 세 가지예요. 우선 구룡반도에서 홍콩섬을 바라보며 즐기는 방법인데요. 대표적으로 세계 최고의 야경 쇼로 불리는 '심포니 오브 라이트'가 있어요. 심포니 오브 라이트는 홍콩의 수많은 스타들의 핸드 프린팅과 동상들이 전시되어 있는 스타의 거리에서 매일 저녁 8시부터 약 15분간 홍콩 필하모니 오케스트라의 연주와 함께 펼쳐집니다. 이는 단순히 야경을 감상하는 것뿐만 아니라 홍콩의 화려한 빌딩들과 현란한 레이저 불빛이 음악에 맞춰 춤을 추듯이 역동적으로 움직이는 종합예술이라고 할 수 있어요.

두 번째로 페리를 타고 홍콩섬으로 건너가며 야경을 즐기는 방법도 있어요. 이 방법은 페리에서 느긋하게 북쪽 구룡반도의 야경과 남쪽 홍콩섬의 야경을 둘 다 즐길 수 있다는 장점이 있죠. 남중국해의 따사로운 바람을 맞으며 홍콩섬에 도착하면 구룡반도와는 또 다른 매력이 느껴집니다. 대부분 산지로 이루어진 홍콩섬에서 첫 번째로 들른 곳은 익청빌딩이에요. 이곳은 사실 그저 50년이 넘은 홍콩의 낡은 아파트 건물일 뿐이지만 닭장처럼 다닥다닥 붙은 건물이 'ㄷ'자 형태로 우뚝 솟아 있어서, 홍콩 특유의 빈티지 감성이 물씬 느껴진답니다. 영화 〈트랜스포머〉의 촬영지로도 유명한 익청빌딩에서 그 유명세 덕분에 많은 관광객들이 모여들어 기념사진을 찍고 있네요.

잠시 홍콩섬 관광 팁을 공유해 볼까요? 영화 〈중경삼림〉에도 등장했던 미드레벨에스컬레이터를 타고 홍콩섬을 둘러보는 걸 추천해요. 세계 최장의 야외 에스컬레이터인 미드레벨에스컬레이터를 타고 올라가다가 중간중간 내려서 홍콩섬의 아기자기한 골목 풍경을 사진으로 남기거나 숨겨진 맛집을 찾아보는 것도 이색적인 경험이 될 수 있어요. 그리고 홍콩의 화려한 밤을 제대로 즐기고 싶다면 란콰이펑으로 가면 된다고 하죠! 홍콩 제일의 클럽 거리인 란콰이펑에서는 흥겨운 음악이 곳곳에 울려 퍼지고 펍의 사람들은 잔을 들고 거리에 나와서 이야기를 나누거나 춤을 추면서 홍콩의 밤을 즐긴답니다. 마치 거리 자체가 하나의 클럽처럼 느껴지는 곳이에요.

세계 최고의 야경 쇼로 불리는 홍콩의 '심포니 오브 라이트'.

다시 홍콩의 야경을 즐기는 방법으로 돌아와, 마지막 세 번째는 케이블카를 타고 홍콩섬 정상에서 북쪽 구룡반도 쪽을 바라보는 것입니다. 이때 케이블카의 오른편에 앉으면 정상으로 올라가는 중에도 홍콩섬의 야경을 즐길 수 있습니다. 정상에 도착하자 홍콩섬의 빼곡한 건물들과 바다 건너 침사추이의 화려한 네온사인이 함께 어우러져 장관을 이루네요!

사그라드는 홍콩의 불빛

하지만 이렇게 반짝반짝 빛나던 홍콩의 불빛이 최근에는 점점 사그라들고 있어요. 여러 매체들에 따르면 홍콩의 주가를 보여 주는 '항셍 지수'가 몇 년째 하락하고 있고, 홍콩을 찾는 관광객의 수도 매년 감소하는 추세라고 하죠. 그에 따라 홍콩이 차지해 온 아시아 금융 중심지의 자리는 서서히 싱가포르에 넘어가고 있다고 해요. 구체적인 예를 들자면 2023년 한 해 4,200여 개의 다국적기업이 아시아 지역 본부를 둘 곳으로 싱가포르를 선택한 반면, 홍콩을 선택한 기업은 그 3분의 1인 1,300여 개에 그쳤다고 합니다.

이처럼 홍콩이 아시아의 경제·상업 중심지에서 멀어지는 가장 큰 이유는 홍콩이 중국화되면서 정치적 불안이 커져 가고 있기 때문이에요. 1997년 영국이 홍콩을 중국에 반환한 이후 홍콩

Hong Kong

은 '일국양제'라는 이름 아래 중국과 분리되어 자유롭고 독립적인 금융·사법 시스템을 갖추고 있었습니다. 또 낮은 관세와 자유롭고 합리적인 경제 환경도 홍콩이 아시아의 물류, 금융 허브로 성장하는 원동력이 됐죠. 하지만 '우산 혁명'으로도 불리는 홍콩의 반정부 시위에 맞서 중국이 2020년 6월 억압적인 국가보안법을 시행하면서 안보를 이유로 외국 기업에 대한 단속을 강화하자 다국적기업이 다수 홍콩을 빠져나갔습니다. 비슷한 시기에 팬데믹으로 중국 정부가 본토와 마찬가지로 홍콩에 봉쇄 정책을 실시하자 기업들은 기를 쓰고 홍콩에서 탈출하기에 이르렀어요.

과거 중국 남부의 한적한 어촌이었던 홍콩은 영국의 식민 지배 아래 서구 문명의 이점을 흡수하면서 150년 간 동서양의 관문이자 세계 금융의 허브로 성장했어요. 중국에 반환된 이후에도 기존의 제도와 문화적 역량을 유지하며 중국의 경제 발전과 더불어 가파른 성장세를 이어 갔고요. 하지만 홍콩에 대한 중국 정부의 정치적 간섭이 나날이 심해지고 팬데믹 기간에 강력한 봉쇄 정책과 보안법이 시행되면서, 홍콩은 민주주의와 더불어 경제 시스템에도 심각한 타격을 입었어요. 점점 희미해져 가는 홍콩의 불빛을 바라보고 있으니 착잡함이 느껴집니다. 과연 홍콩은 찬란했던 과거의 영광을 되찾을 수 있을까요?

스크린에 드리우는 장막

홍콩 영화계를 기념하는 금상장 동상.

홍콩은 아시아의 금융 중심지이기도 했지만, 영화 산업의 중심지이기도 했습니다. 특히 1980년대에는 홍콩 영화가 최고의 전성기를 누리며 전 세계를 사로잡았어요. 당시 홍콩 영화를 대표하는 작품으로는 〈영웅본색〉이 있습니다. 홍콩 배우 주윤발이 선글라스를 쓰고 지폐에 불을 붙인 사진을 여러분도 한 번쯤 본 적이 있을 거예요. '홍콩 느와르' 장르의 시초 격인 이 작품은 1980년대 우리나라 청년층에게도 큰 사랑을 받았죠.

홍콩 영화 산업이 역사적인 호황을 이룬 배경에는 1960~1970년대부터 쌓아 온 인프라와 선진국에서 유학하고 돌아온 감독들이 있었습니다. 거기다가 당시 주변 국가들 대다수가 정치적 이유로 창작 활동에 많은 제약이 있는 상황이었던 데 반해, 홍콩은 비교적 자유로운 창작이 가능했어요. 그 덕에 자연스럽게 훌륭한 영화들이 제작되며 세계시장에서 두각을 드러냈고, 금융 중심지답게 세계 각지의 자본도 모여들며 황금기를 맞이하게 되었죠.

그런데 영국령이었던 홍콩이 1997년 중국에 반환되면서 홍콩 영화 산업도 내리막에 접어듭니다. 홍콩의 대다수 제작자와 배우 등 영화인들이 민주주의와 표현의 자유를 억압하는 중국 정부를 피해 해외 각지로 떠난 탓이었어요. 〈영웅본색〉과 〈천녀유혼〉 등 히트작의 아류 격인 영화가 쏟아지면서 관객들도 홍콩 영화를 외면하기 시작했죠.

하지만 이보다 근본적인 이유는 결국 해외로부터의 투자가 감소했다는 것입니다. 중국의 개혁개방 이후 홍콩에 유입되던 해외 자본이 줄어들기 시작했거든요. 1990년대 이전까지만 해도 중국에 대한 해외 자본 투자는 홍콩을 거쳐야만 했지만, 이제는 직접 중국으로 투자를 할 수 있게 되었기 때문입니다.

GATE 15

상상과 일상이
공존하는 곳
Tokyo

도착지   **도쿄**

국가   **일본**

면적   **2,194km²**

해발고도   **40m**

인구   **약 1,409만 명**

특징   **세계 최대 규모의 대도시권**

            수많은 애니메이션과 영화의 배경

1,155km
Seoul — Tokyo

고등학생 시절 저는 일본 문화 마니아였어요. 아찔한 레이싱이 펼쳐지는 애니메이션 〈이니셜 D〉를 보고 작품의 배경인 군마현을 여행하길 꿈꿨고, 소설 『설국』을 읽으며 배경이 된 니가타의 겨울 풍경을 상상하곤 했죠. 그중에서도 수많은 일본 영화와 애니메이션의 배경이 된 도쿄는 제게 있어 꿈의 여행지 중 하나였답니다.

세계 도시 도쿄

저는 고등학교를 졸업한 지 10년 만에 처음으로 일본에 발을 디뎠어요. 우리나라 사람 대다수가 첫 해외여행으로 일본을 간다는 점을 고려할 때 늦은 감이 없지 않았지요. 그래서인지 다른 여행 때보다 유독 마음이 설렜습니다. 나리타국제공항에 내린 뒤 특급 열차를 타고 도쿄 도심으로 들어가면서도 두근거림이 멈추지 않았죠.

도쿄는 명실상부 일본을 대표하는 도시입니다. 일본의 수도이자 인구가 무려 1,400만 명에 달하는 거대도시죠. 우리가 흔히 도쿄 하면 떠올리는 지역인 도쿄 23구로 한정해도 1,000만 명 남짓한 사람들이 이곳에 살고 있답니다. 우리나라의 수도권과 마찬가지로 일본도 수도 도쿄를 중심으로 대도시권이 형성돼 있는데 이곳에 거주하는 사람이 4,400만 명에 이른다고 해요. 일본 전체 인구의 3분의 1에 달하는 숫자로, 캐나다의 전체 인구보다도 훨씬 많죠. 이 때문에 도쿄의 수도권은 세계에서 가장 거대한 대도시권으로 여겨집니다.

뿐만 아니라 도쿄는 다양한 다국적기업의 본사와 국제기구의 본부가 위치한 세계 도시예요. 세계 도시란 한 국가의 경계를 넘어 세계적인 중심지 역할을 하는 대도시를 말해요. 세계경제의 중추 역할을 하는 건 물론, 올림픽 같은 국제 행사를 주최할 기반 시설을 갖춘 도시를 뜻하지요. 세계 도시는 다국적기업의 본사수나 국제공항 이용객 수 등을 기준으로 크게 최상위, 상위, 하위로 구분되는데요, 도쿄는 미국의 뉴욕 그리고 영국의 런던과 함께 최상위 세계 도시로 손꼽힌답니다.

도시란 변화하기 마련이지!

과거 에도라고 불렸던 도쿄는 17세기 이전까지만 해도 작은 해안 도시에 불과했어요. 그 당시 일본열도의 중심은 1,000년 동

Tokyo

중국

러시아

대한민국

일본

도쿄

일본의 수도 도쿄는 일본열도 최대 섬 혼슈의 동부에 위치해 있다.

안 수도 역할을 한 교토였죠. 하지만 15세기 중반 전국시대에 이르면서 상황이 바뀌기 시작했습니다. 여러분, 춘추전국시대라고 들어 보았죠? 과거 중국에서 각 지방의 권력자들이 대륙의 패권을 두고 다투던 시기 말이에요. 일본에도 비슷한 시대가 있었어요. 15세기 중반부터 16세기 말까지 각 지방의 영주와 사무라이들이 권력을 쥐기 위해 크고 작은 전쟁을 벌였는데. 이때를 전국시대라고 하죠. 100년 동안 이어진 전국시대는 도쿠가와 이에야스라는 사람의 손에서 끝을 맺는데요, 그는 에도에 무사 정권인 막부를 세우며 이곳을 일본의 중심지로 만들기 시작했어요. 에도는 지속적으로 발전했고, 19세기 후반 중앙집권 체제로 전국을 통일한 메이지유신을 계기로 일본의 공식적인 수도가 되며 지금에 이르렀죠.

대한민국의 수도 서울의 중심은 어디일까요? 수십 년 전만 해도 대부분의 사람이 이 질문에 종로라고 답했습니다. 경찰청, 헌법재판소 같은 정부 주요 기관과 굴지의 대기업이 다 이곳에 밀집해 있었거든요. 과거 조선 왕실의 궁궐인 경복궁과 창덕궁도 이곳에 위치해 있고요. 하지만 지금은 상황이 조금 다릅니다. 경제적으로 가장 변화하고 주목받는 곳은 종로가 아닌 강남이죠. 흔히들 서울 하면 떠올리는 화려한 도심의 이미지가 강남 일대의 풍경과 흡사하다는 점을 고려할 때, 강남이 새로운 서울의 중심으로 거듭났다고 볼 수 있겠네요.

도쿄도 서울과 상황이 비슷해요. 과거에는 일왕의 거처가 위치한 곳이자 입법부, 사법부, 행정부가 모여 있는 치요다구가 도쿄의 중심이었습니다. 하지만 지금은 경제적으로 가장 부유한 미나토구가 명실상부한 도쿄의 중심지예요. 수많은 다국적기업의 본사와 유수의 일본 기업이 밀집해 있는 미나토구는 고층 빌딩이 빼곡한 스카이라인으로 유명합니다. 세계 각국의 대사관이 자리해 있고, 고급 쇼핑몰이 즐비하죠. 그리고 미나토구에는 도쿄를 상징하는 명물도 있어요. 바로 도쿄타워입니다.

직장인들과 관광객들로 언제나 붐비는 거대도시 도쿄.

도쿄타워 아래에서

일본 영화나 드라마에서 높다란 붉은색 첨탑을 본 적 있나요? 밤이 되면 노란빛으로 도심을 밝히는 도쿄타워는 도쿄의 대표적인 랜드마크입니다. 도쿄를 배경으로 하는 작품에는 빠지지 않고 등장하죠.

프랑스 에펠탑을 모방하여 만들어진 도쿄타워의 정식 명칭은 '일본 전파탑'인데요, 본래는 도쿄의 방송 전파 송신탑을 일원화하기 위해 지어진 탑이었다고 해요. 물론 디지털 TV가 보급된 현재에는 전파탑이라기보다 전망대이자 랜드마크로서의 역할을 담당하고 있답니다. 높이는 333미터에 달하는데, 만들어진 당시 일본에서 가장 높은 건축물이었다고 하죠. 1958년 도쿄타워가 완공된 후 일본의 경제는 타워의 높이만큼 가파르게 성장했습니다. 1964년 세계 최초의 고속철도인 신칸센을 만들고 올림픽도 개최할 정도로 부흥을 이루었죠. 1980년대에 들어서는 도요타, 소니 등 일본 기업이 전 세계 자동차 및 전자 제품 시장을 휩쓸며 성장을 이어 갔고요. 1990년대 초반에는 세계 최강 미국의 자리를 넘보기까지 했습니다.

하지만 고속 성장의 이면에는 그림자도 있었어요. 버블현상이 나타난 거예요. 버블현상이란 투자나 생산처럼 실물경제의 활발한 움직임이 없는데, 물가가 오르고 부동산 투기가 심해지는 등

도쿄의 가장 상징적인 랜드마크, 도쿄타워.

돈의 흐름이 활발해지는 현상을 뜻해요. 경제가 활기를 띠는 것처럼 보이나 실제로는 기업 생산이 위축되고 국가 경제가 발전하지 않죠. 그 당시 일본에서는 부동산과 주식 등의 자산이 실제 가치보다 부풀려져 거래됐어요. '도쿄 땅을 팔면 미국 땅 전체를 살 수 있다.'라는 말이 나올 정도로 경제 거품이 심각했지요. 이 현상은 1992년 초 거품이 꺼지면서 종식됐고, 동시에 일본 경제도 끝없이 침체하기 시작했습니다. 놀랍게도 그 흐름이 지금까지 이어지고 있죠.

　도쿄타워는 한자리에서 일본 경제의 흥망성쇠를 묵묵히 지켜 봤을 거예요. 그렇게 생각하니 타워가 조금 달리 보였습니다. 단순한 관광지에서 일본의 역사가 담긴 거대한 흔적처럼 느껴졌죠. 도쿄타워를 올려다보며 과거를 상상해 보던 저는 이윽고 근처 잔디밭에 자리를 잡고 앉았어요. 그리고 도쿄타워를 배경으로 하는 동명의 일본 영화 한 편을 감상하며 이곳을 제 나름의 방식으로 기억에 남겼답니다.

성지순례 왔습니다

일본을 이야기할 때 애니메이션을 빼놓을 수 없죠. 일본식 발음대로 '아니메'라고도 불리는 애니메이션은 일본을 대표하는 문화 콘텐츠 중 하나예요. 몇몇 친구들은 일본 애니메이션을 즐겨 보다 일본이라는 나라와 일본 문화에 관심이 생기기도 했겠죠. 학창 시절 제가 일본 문화에 빠지게 된 계기도 바로 애니메이션이었답니다. 극장용 애니메이션이 개봉하며 최근 다시 인기를 얻은 농구 만화 〈슬램덩크〉, 고교 야구의 열정을 느낄 수 있는 〈H2〉, '초사이어인'들이 나와 말도 안 되는 액션을 펼치는 〈드래곤볼〉 등을 보며 고등학생 시절을 보냈죠.

수많은 애니메이션 중에서도 저는 신카이 마코토 감독의 작품을 유독 좋아합니다. 2023년 초 흥행한 영화 〈스즈메의 문단

일본 애니메이션 마니아들의 성지, 아키하바라.

속〉의 감독 말이에요. 그의 작품은 일본 특유의 정서를 화려한 작화로 표현합니다. 상황에 적절한 음악을 삽입하는 점도 매력 중 하나지요. 특히 저는 신카이 마코토 작품 안에 사실적으로 표현된 일본의 거리가 인상 깊었어요. 그래서 여행 때 작품의 배경이 된 곳을 직접 찾아가는 일종의 성지순례를 해 보기로 했죠. 다양한 성지순례 장소 중에서도 제가 방문한 곳은 감독의 초기작 〈언어의 정원〉의 배경이 된 신주쿠교엔이었습니다.

도쿄의 중심 신주쿠에 자리 잡은 신주쿠교엔은 넓이 약 58만

일본 내 한국 문화 마니아들의 성지, 신오쿠보.

제곱미터, 둘레 3.5킬로미터에 달하는 드넓은 공원이에요. 도쿄 도심 지역에서 가장 큰 공원으로, 과거에는 일본 황실 소유의 정원이었죠. 그러다 제2차 세계대전 후 민간에 개방되며 시민들이 자유롭게 이용하는 공간이 됐고요. 신주쿠교엔은 일본의 전통적인 정원 양식과 영국 및 프랑스 정원 양식이 어우러져 있는 것이 특징인데요, 정원이 만들어진 1900년대의 사회 분위기를 알면 이 기묘한 조합을 이해할 수 있어요. 메이지유신 이후 일본은 빠르게 근대국가로 거듭났습니다. 서구와 활발히 교류하며 근대적인 제도와 문물을 받아들였죠. 서구 문화에 개방적이던 사회 분위기

Tokyo

는 황실 정원 설계에도 영향을 미쳤고, 자연스럽게 다양한 국가의 양식이 들어간 정원이 탄생한 거예요.

신주쿠교엔에 발을 들인 저는 〈언어의 정원〉의 배경이 된 일본 정원으로 향했어요. 영화 속 주인공 남녀는 비 내리는 날이면 이곳에 있는 한 정자에서 만납니다. 만남을 거듭하면서 서로 마음이 통하고 있음을 알게 되죠. 그 모습을 상상하며 저는 신주쿠교엔을 실컷 눈에 담았답니다.

현실에 상상을 덧대다

이어서 일본 문화 마니아들의 성지, 아키하바라로 향했어요. 과거에는 우리나라의 용산과 같은 전자 상가의 이미지가 강했지만, 2000년대 이후 전자 기기 및 PC 시장이 축소되면서 애니메이션 팬과 다양한 취향의 마니아들을 위한 상가로 변화했죠. 아키하바라에는 애니메이션 이외에도 비디오게임, 프라모델, 음향 기기, 밀리터리, 아이돌 등 일본에서 발달한 각양각색 서브컬처와 관련한 모든 상품이 모여 있는 곳입니다. 아키하바라역 주변 거리는 다른 거리와 비슷한 풍경이지만 안쪽 골목으로 들어가면 신세계가 펼쳐진답니다. 저 역시 화려한 가게들을 열심히 구경하며 그 매력을 듬뿍 느껴 보았어요.

최근에는 한국 문화가 일본에서 인기를 끌면서, 아키하바라 못지않게 일본 내 한국 문화 마니아들의 성지인 신오쿠보 역시 주목을 받고 있어요. 도쿄 안의 작은 한국과도 같은 신오쿠보는 신주쿠역 북쪽에 위치해 있는데요, 본래 한류가 인기를 끌기 전인 1990년대 중반까지 신오쿠보는 도쿄에서 발전이 덜 된 지역 중 하나로 재일 교포와 한인 유학생을 대상으로 하는 한국 음식점이나 한국 물품을 파는 상점이 모여 있던 지역이었습니다. 그러다 2000년대 초반 〈겨울연가〉와 같은 한국 드라마가 인기를 끌면서 주목받기 시작했고, 2010년 이후 본격적으로 한류 붐이 불면서 한국 문화를 좋아하는 일본의 청년층도 모여들기 시작했어요. 그러다 최근에는 넷플릭스에서 한국 드라마가 폭발적인 반응을 얻고 BTS가 전 세계적으로 엄청난 인기를 누리게 되면서 신오쿠보도 최전성기를 맞게 되었답니다.

신오쿠보역에 내려서 오른쪽 방향으로 한 블록만 가면 거리 양편에 전부 한글 간판과 한국 음식점이 가득하고 K-팝과 한국어가 들려옵니다. 치즈닭갈비와 분식, 삼겹살부터 '명랑핫도그', '호식이두마리치킨'과 같이 익숙한 한국 프랜차이즈 식당도 많이 있네요! 일본의 수도 한가운데, 이렇게 많은 일본 사람들이 한국 연예인의 사진을 손에 들고, 한국어로 된 한국 노래를 들으면서, 떡볶이나 순대 같은 한국 음식을 먹으려 길게 줄을 서 있는 모습을 보고 있으니 한국인으로서 감회가 새로웠답니다.

Tokyo

도쿄 시내 곳곳을 열심히 돌아다닌 뒤에 또 다른 랜드마크인 시부야스크램블 교차로가 보이는 2층 카페에 앉아 있는데, 문득 이런 생각이 들었어요. 이번 도쿄 여행이 영화의 스틸 컷처럼 하나하나의 장면으로 기억될 것 같다고요. 도쿄타워 아래에서 과거의 도쿄를 그려 본 순간, 영화 속 장면을 떠올리며 신주쿠 교엔을 눈에 담은 순간 등 실제 도시의 풍경 위에 여러 상상을 덧댄 기억들로 말이에요.

도시는 변화하기 마련입니다. 하물며 수많은 사람이 오가는 세계 도시 도쿄는 더욱더 빠르게 변화하겠죠. 그 시절 제가 도쿄에서 마주했던 풍경이 지금은 온데간데없을지도 모르고요. 하지만 그곳을 거닐며 차곡차곡 쌓은, 저만의 상상을 덧댄 기억이 있으니 괜찮습니다. 정 아쉬울 때면 일본 영화와 애니메이션 그리고 책을 읽으며 추억 여행을 떠나면 되죠!

세계를 뒤흔든 걸작 애니메이션

엄청난 완성도로 세계를 충격에 빠뜨린 애니메이션 〈아키라〉.

도쿄는 애니메이션의 나라 일본의 수도답게 수많은 애니메이션 작품의 배경이 되었습니다. 최근 우리나라에서도 인기를 끈 〈너의 이름은〉, 〈날씨의 아이〉, 그리고 〈스즈메의 문단속〉 등 신카이 마코토의 작품들도 도쿄를 주요 배경으로 삼고 있고요.

일본 애니메이션의 기념비적인 작품이라고 할 수 있는 〈아키라〉 역시 도쿄를 배경으로 하고 있습니다. 정확히는 작중 1988년 원인

모를 대폭발로 완전히 파괴된 이후 재건된 2019년의 '네오 도쿄'가 배경이죠. 네오 도쿄는 빽빽한 고층 빌딩과 네온사인 아래 폭력과 부패, 약물 남용 등 각종 범죄가 끊이지 않는 디스토피아적 경관을 보여 줍니다. 네오 도쿄에서 폭주족으로 살아가는 주인공들은 정체불명의 초자연적 현상과 맞닥뜨리게 되고, 그 실체를 파헤치는 과정에서 정부의 거대한 음모에 얽혀 들어가게 돼요.

〈아키라〉는 시대를 뛰어넘는 엄청난 수준의 작화와 이전까지 찾아볼 수 없었던 연출 방식으로 주목을 받았습니다. 특히 일본 애니메이션에 익숙지 않았던 서구권의 대중에 충격을 안기며 엄청난 인기를 얻었어요. 이후 할리우드의 영화 〈터미네이터〉, 〈매트릭스〉, 〈아바타〉와 같은 대작 SF 영화들의 탄생에도 지대한 영향을 미쳤다고 전해져요. 디스토피아적 미래를 그리는 '사이버펑크' 장르 작품의 교과서와 같은 위상을 얻은 거죠.

이와 같은 작품들이 탄생하게 된 것은 일본의 인문적·자연적 배경과 관계가 있다고 합니다. 지진과 쓰나미처럼 언제 닥칠지 모르는 재난에 대한 불안감이 일본 사회 전반을 관통하는 정서로 존재해 오다가, 제2차 세계대전 시기 전 세계에서 유일하게 원자폭탄의 공격을 받았다는 커다란 트라우마가 더해져 애니메이션을 비롯한 예술 작품 전반에 특유의 내용과 분위기가 드러나는 방식으로 투영된다는 분석입니다.

GATE 16

스타벅스와
아마존이 싹튼 땅
Seattle

도착지   **시애틀**

국가   **미국 (워싱턴주)**

면적   **368km²**

해발고도   **53m**

인구   **약 76만 명**

특징   **서안해양성기후로 습하고 온난한 날씨**

            세계적 IT 기업들이 모여 있음

8,341km
Seoul — Seattle

여러분은 미국을 여행할 기회가 생긴다면 어떤 도시를 가장 먼저 가 보고 싶나요? 뉴욕이라고 답하는 친구들이 많을 것 같아요. 명실상부 전 세계 패션, 경제, 문화의 중심지니까요. 영화를 좋아하는 친구라면 할리우드가 위치한 로스앤젤레스라고 답할지도 모르겠네요. 뭐니 뭐니 해도 수도부터 가야 한다며 워싱턴 D.C.를 외치는 친구들도 있을 테고요. 이런 친구들에게는 저의 첫 미국 여행지가 꽤 의외로 느껴지려나요? 바로 시애틀이었거든요.

사소하고도 우연한 계기

시애틀은 미국 북서부 워싱턴주에 위치한 해안 도시예요. 워싱턴주는 수도 워싱턴 D.C.와 지명이 같죠. 참고로 워싱턴 D.C.는 미국 북동부 컬럼비아특별구에 위치해 있어요. 워싱턴 뒤에 붙는 D.C.가 이를 뜻하는 영어 'District of Columbia'의 약자죠. 지명이 같아서 미국 사람들이 헷갈리겠다고 생각할 수도 있겠지만, 그렇지 않습니다. 워싱턴주를 칭할 때는 캘리포니아나 텍사스처럼 주의 이름만 부르지 않고 주를 뜻하는 영어 단어인 'state'가 으레 뒤에 붙곤 하거든요.

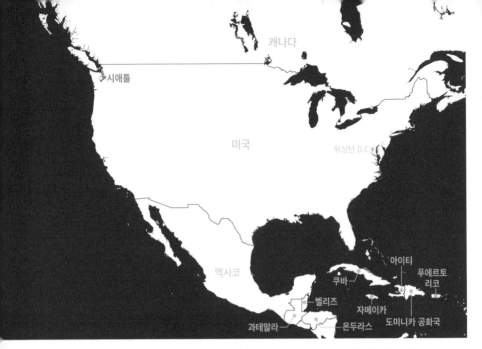

시애틀은 미국 북서부 워싱턴주의 퓨젓만에 위치한 항구도시이다.

　거창한 이유나 포부를 품고 시애틀에 방문한 건 아니었어요. 그 당시 저는 캐나다 남서부를 여행 중이었는데요, 시애틀이 속한 워싱턴주가 캐나다 남서부 지역과 국경을 맞대고 있어 자동차로 비교적 간단하게 국경을 넘을 수 있었어요. 차로 국경을 건너다니… 삼면이 바다로 둘러싸여 있고 북쪽에는 북한이 있는 남한에서는 감히 상상도 못 할 방법이었죠. 색다른 일이면 일단 시도해 보는 제가 이 기회를 놓칠 리가요! 그렇게 저는 국경 검문소로 향했고, 미국에 첫발을 디뎠답니다. 그리고 워싱턴주의 대표 도시인 시애틀로 향했죠. 맞아요. 아주 사소하고도 우연한 계기가 저를 이 도시로 이끌었던 거예요.

캐나다와 미국의 국경에 위치한 검문소.

미국 속 작은 영국

동쪽으로 아름다운 태평양을 끼고 운전하기를 몇 시간, 멀리서 고층 빌딩이 하나둘 보이기 시작했어요. 시애틀이 가까워졌다는 신호였죠. 창문을 여니 선선한 바람이 솔솔 불어왔어요. 더위가 한창인 한여름이었는데 말이죠.

시애틀은 따뜻한 해류인 난류와 서쪽에서 부는 바람인 편서풍의 영향으로 1년 내내 습윤하고 따뜻해요. 겨울에 춥지 않은 건 물론 여름에도 크게 무덥지 않죠. 찜통더위에 땀이 절로 나는 한국의 여름과는 무척 다르답니다. 더불어 흔히들 생각하는 미국 서부의 풍경과도 조금 달라요. 미국 서부를 대표하는 도시인 로스앤젤레스처럼 햇볕이 하루 종일 쨍쨍 내리쬐지 않거든요. 맑은 날보다 구름과 안개가 껴 있는 날이 더 많죠. 비도 자주 내리고요.

이런 기후를 서안해양성기후라고 해요. 대표적인 서안해양성 기후 지역으로 영국이 있죠. 안개가 잔뜩 낀 영국의 수도 런던의 풍경, 방수가 되는 트렌치코트를 입고 한 손에는 우산을 쥔 영국 신사의 이미지는 비가 자주 오는 기후에서 비롯된 거랍니다. 제가 보고 겪은 시애틀도 이와 비슷했어요. 하늘에는 언제나 구름이 가득했죠. 종종 소나기를 맞기도 했고요. 비가 시도 때도 없이 오기 때문일까요? 빗방울이 떨어지기 시작하면 우비를 주섬주섬 꺼내거나 우산을 펼치는 사람들과 더불어 만사 귀찮다는 듯 덤덤하게 비를 맞으며 걷는 행인들도 꽤 있었답니다. 식당 야외 메뉴판에는 영국의 대표 요리인 피시앤칩스 그림이 그려진 모습이 눈에 자주 보였어요. 해안가에 위치한 시애틀에는 각종 해산물 요리가 발달해 있는데, 그중에서도 피시앤칩스가 시애틀 사람들에게 큰 사랑을 받는 음식이라고 하더라고요. 그래서일까요? 저는 시애틀이 미국 속 작은 영국처럼 느껴졌답니다.

스타벅스의 본고장, 커피의 도시

세계에서 스타벅스 매장이 가장 많은 도시는 어딜까요? 정답은 바로 서울입니다! 2024년 기준, 610개에 달하는 스타벅스 매

연일 수많은 관광객으로 붐비는 스타벅스 1호점.

장이 한 도시에 들어서 있죠. 이 뒤를 뉴욕, 상하이, 런던 같은 인구 1,000만 명의 대도시들이 잇고요. 그럼 질문을 조금 바꿔 볼게요. 세계에서 인구 대비 스타벅스 매장 수가 가장 많은 도시는 어딜까요? 정답은 바로바로… 오늘의 주인공 시애틀입니다! 70만 명 남짓한 도시에 스타벅스 매장이 무려 140여 개나 들어서 있답니다.

시애틀에 스타벅스 매장이 많은 건 이 도시가 스타벅스의 본고장이기 때문이에요. 스타벅스는 시애틀의 조그마한 커피 원두

소매점에서 시작됐어요. 이후 전 세계 커피 산업을 주도하는 프랜차이즈로 성장했죠. 스타벅스의 역사가 시작된, 기념비적인 스타벅스 1호점은 시애틀 해안가에 위치한 종합 시장 파이크플레이스마켓 초입에 있어요. 스타벅스 한국 1호점도 아니고 전 세계 1호점에서 커피를 마실 기회를 놓칠 수 없죠! 저는 망설임 없이 카페로 발걸음을 옮겼답니다.

사실 시애틀에는 스타벅스 말고도 유명한 커피 전문점들이 많아요. 털리스커피Tully's Coffee 같은 커피 프랜차이즈는 물론, 수준 높은 맛을 자랑하는 개인 카페를 도시 곳곳에서 쉽게 마주칠 수 있죠. 오죽하면 시애틀의 별명이 '카페인에 잠긴 도시'일 정도랍니다.

스타벅스 1호점에 도착해 주문을 마치고 커피가 나오길 기다리는데, 문득 이런 궁금증이 들었어요. '손에 꼽힐 정도로 인구가 많지도 않고, 커피의 본고장도 아닌데 왜 시애틀에서 커피 산업이 발전한 걸까?', '시애틀에서 시작한 스타벅스가 성공한 것도 단순한 우연에 불과한 걸까?' 꼬리에 꼬리를 무는 의문에 생각이 깊어지던 중, 음료가 완성됐다는 직원의 목소리에 정신을 차렸어요. 그리고 별생각 없이 커피를 받아 한 모금 마신 그 순간! 섬광처럼 답이 찾아왔답니다. 날씨는 우중충하고 비는 부슬부슬 내리니 따뜻한 커피가 물처럼 술술 넘어가는 것이 아니겠어요! 우리나라 사람들이 비가 올 때면 국밥 같은 뜨끈한 국물 요리를 먹듯, 시애

파이크플레이스마켓 초입의 안내 표지판.

틀 사람들은 따뜻한 커피 한 잔으로 우중충한 날씨에 슬기롭게 대처하고 있었던 거죠. 스타벅스가 성공한 것도 이 때문일지 몰라요. 기업의 뛰어난 사업 전략과 혁신의 영향도 있겠지만, 따끈한 커피 한 잔이 절로 생각나는 날씨가 사람들을 스타벅스 매장으로 이끈 것이죠.

따끈한 커피로 몸을 데웠으니, 매장이 위치해 있는 파이크플레이스마켓도 구경 해볼까요? 파이크플레이스마켓은 1907년 개장한 시장이에요. 다양한 물건들을 팔고 있는 종합 시장이지만 시애틀이 항구도시인 만큼 역시 해산물이 유명하죠. 그중에서도 피시마켓에서 벌어지는 상인들의 생선 던지기 쇼가 유명한데요, 1986년 시장이 재정 위기를 겪으면서 상인들이 이목을 끌 방법을 생각하다 고안해 낸 방법이라고 합니다. 파이크플레이스마켓은 도심과 항구 사이에 위치하고 있어서 접근성이 좋고 다채로운 볼거리가 있어서 항상 수많은 관광객으로 북적이는 시애틀의 랜드마크랍니다.

도시를 구원한 우연한 기회

시애틀을 거닐다 보면 눈에 띄는 것이 있었으니! 바로 높이 솟은 고층 건물들이었어요. 아마존, 보잉, 마이크로소프트, 코스트코 등 각 분야에서 내로라하는 대기업들의 본사 건물이었죠. 시애틀은 수많은 대기업의 본사 및 혁신 기업이 위치해 미국 내에서도 높은 경제성장률을 보이는 도시예요. 한마디로 돈도 잘 벌고 잘나가는 도시죠. 하지만 처음부터 이랬던 건 아니에요. 불과 수십 년 전만 해도 시애틀은 파산을 일보 앞둔 절망의 도시였답니다.

1970년대 말, 오일쇼크가 터지면서 시애틀의 위기가 시작됐습니다. 그 당시 시애틀 경제를 먹여 살리던 미국의 항공기 제조사 보잉은 직원 수와 사업 규모를 대폭 축소했어요. 실업자가 늘

고 시장에 돈이 돌지 않으니 시애틀의 경제는 순식간에 무너졌죠. 이 도시에는 미래가 없다며 너도나도 시애틀을 떠나던 그 순간, 도시를 되살릴 기회가 찾아옵니다. 미국 뉴멕시코에서 성장하고 있던 IT 기업 마이크로소프트가 시애틀로 본사를 이전하게 된 거예요.

그 당시 IT 기업들의 본사는 캘리포니아 실리콘밸리에 있는 경우가 많았어요. IT 기업을 위한 인프라가 잘 구축된 것은 물론, 이미 많은 기업이 진출해 있어 산업에 관한 정보를 공유하기도 편했거든요. 하지만 마이크로소프트는 실리콘밸리가 아닌 워싱턴주의 쇠락해 가는 도시 시애틀을 선택했습니다. 거창한 이유나 전략이 있었던 건 아니에요. 창업자인 빌 게이츠와 폴 앨런의 고향이 시애틀인 게 전부였습니다. 고향을 향한 향수가 이들을 시애틀로 이끈 거예요. 그렇게 시애틀에 새롭게 둥지를 튼 마이크로소프트는 전 세계 IT 산업을 주무르는 세계적인 기업으로 성장했어요. 덩달아 시애틀의 경제도 다시 살아나기 시작했죠. 실업률은 낮아졌고, 다른 도시의 뛰어난 인재들이 마이크로소프트에서 일하기 위해 시애틀로 몰려들었어요. 우연한 계기로 재기에 성공한 시애틀은 이 기회를 그냥 흘려보내지 않았죠.

우연에서 필연으로

이후 시애틀은 본격적으로 기업 친화적인 도시로 탈바꿈하기 시작했어요. 기업과 관련된 세금 규제를 완화하고, 벤처기업 지원을 대폭 확대했죠. IT 같은 첨단산업에도 과감하게 투자했습니다. 마이크로소프트의 사례를 통해 첨단산업에서 성공 가능성을 엿봤기 때문이죠. 기업이 필요로 하는 인재를 육성하기 위해 교육 분야에도 적극적으로 투자를 이어 갔답니다. 시애틀 외곽에 위치한 워싱턴대학교는 이러한 흐름 속에서 성장했는데요, 현재는 미국 내 최상위 연구 중심 종합대학으로 평가받을 정도로 명성이 드높답니다.

그리고 1994년, 시애틀의 운명을 바꾼 두 번째 기회가 찾아왔어요. 제프 베이조스라는 한 기업가가 시애틀에 터를 잡고 인터넷 서점 서비스를 시작했는데, 그 후 엄청난 성공을 거두게 됐거든요. 이 기업이 바로 전자 상거래 시장의 판도를 뒤바꾼 기업이자 전 세계 시가총액 5위에 빛나는 다국적기업, 아마존이에요. 제프 베이조스는 빌 게이츠처럼 시애틀에 연고가 있는 사람은 아니에요. 창업을 준비할 당시, 시애틀이 전자 상거래 산업 관련 인프라가 잘 구축돼 있는 걸로 유명했기에 이 도시를 선택한 거였죠. 마이크로소프트의 시애틀 이전이라는 우연이 아마존의 창립이라는 필연으로 이어진 거예요. 이렇게 성장한 아마존은 현재 마이

Seattle

시애틀 아마존 본사 건물 중 하나인 '아마존 스피어'.

크로소프트와 더불어 시애틀 경제의 중요한 한 축을 담당하고 있답니다.

저 역시 시애틀에서 아마존과 관련해 한 가지 우연을 경험했어요. 시애틀 여행 중 숙박 공유 앱을 통해 찾은 숙소에서 머물렀는데, 숙소의 호스트가 아마존에 근무하고 있는 베트남 출신 프로그래머였던 거예요! 저는 어떻게 아마존과 같은 세계적인 기업

시애틀의 랜드마크인 스페이스니들타워.

에서 일하게 됐는지 궁금해서 호스트와 함께 식사를 하며 다양한 이야기를 나눴답니다. 그는 자신이 일하는 아마존은 물론이고 시애틀에 있는 다양한 기업에서 많은 아시아인이 일하고 있다고 이야기해 주었는데요, 실제로 시애틀이 위치한 워싱턴주는 인구 중 아시아인의 비율이 15퍼센트 정도로 미국의 다른 주에 비해서 아주 높아요. 건국 초기 미국에 진출했던 아시아인들은 본국과 거리가 가까운 미국의 서부에 정착했어요. 이후에 서서히 차이나타운, 코리아타운과 같은 아시아인 커뮤니티가 형성되었고, 이 커뮤니티가 또 다른 아시아인들의 유입을 촉진하는 역할을 하면서 시애틀의 아시아인의 비율이 높아진 거예요.

여행의 마지막 날, 시애틀 남쪽에 위치한 작은 공원 케리파크에서 반짝이는 시애틀의 야경을 감상하던 중, 문득 이런 노랫말이 머릿속을 스쳐 지나갔어요. '이 모든 건 우연이 아니니까.' 방탄소년단의 대표곡 〈DNA〉의 가사였죠. 우연이 여러 번 반복되면 필연, 운명이라는 말이 있죠. 커피의 도시, 기업을 위한 도시, 성장하는 도시라는 시애틀의 타이틀은 우연이 아니라 이 도시가 만든 필연이 아닐까 싶네요. 그렇게 저는 우연히 방문한 시애틀에서 운명 같은 깨달음을 얻었답니다!

전 세계 게임 개발사들이 모인 곳!

시애틀에 위치한 닌텐도 미국 지사.

시애틀은 마이크로소프트, 아마존과 같은 세계적인 IT 기업의 본사가 위치하고 있어 제2의 실리콘밸리로 불립니다. 최근에는 전세계 유수의 게임사들 역시 속속 들어서며 '게임계의 할리우드'로 떠오르고 있다고 합니다.

먼저 세계 최대의 게임 플랫폼 '스팀'을 개발한 밸브^{Valve}가 시애틀에 본사를 두고 있고, 〈슈퍼 마리오〉, 〈젤다의 전설〉, 그리고 〈포켓몬스터〉 시리즈로 유명한 닌텐도의 미국 지사가 시애틀에 위치해 있어요. 특히 닌텐도는 1991년 메이저리그 야구 구단인 '시애틀 매리너스'를 인수해 화제가 되기도 했었답니다. 당시 미국은 일본과 무역 마찰을 겪는 상황이었는데, 미국인의 자존심과도 같은 메이저리그의 구단을 일본 기업이 인수했다는 사실이 알려지면서 큰 반발이 있었다고 합니다.

시애틀이 위치한 워싱턴주의 게임 산업 규모는 캘리포니아주에 이어 미국 2위에 해당합니다. 특히 시애틀의 광역권 도시인 레드먼드에 닌텐도, 밸브, 마이크로소프트 등 초대형 게임사를 비롯해 200개에 달하는 게임 제작사가 위치해 있고, 고용 인원도 수만 명에 이른다고 해요.

시애틀 비디오게임 산업의 전망이 특별히 밝은 이유는 마이크로소프트와 같은 거대 기업뿐만 아니라 중소 규모의 기업들이 다수 위치해 있기 때문입니다. 끊임없는 기술 혁신과 창조적인 시도, 예술·문화적 역량이 집중되어 있어 사회적 파급력이 나날이 커지고 있죠. 게임은 이제 더 이상 10대 청소년들만이 즐기는 단순한 놀이가 아니라, 전 연령을 대상으로 하는 대규모 종합 산업으로 자리 잡고 있답니다.

도시란
무엇인가!

: 도시가 변화하는 여러 요인

Key-word
도시성 / 발전 전략 / 흥망성쇠

도시라는 개념

도시는 많은 사람들이 모여 사는 공간입니다. 기원전 4,000년경 지구 최초의 도시라고 할 수 있는 수메르의 우르^{Ur}가 등장한 이래로 도시는 문명의 발전과 함께 점점 성장해 왔어요. 도시마다 인구가 증가하였고, 도시의 수 또한 많아졌죠. 그렇다면 이 도시라는 것이 정확히 무엇을 의미하는 걸까요? 도시를 도시답게 하는 '도시성^{urbanism}'에 대해 다음과 같이 정리해 볼 수 있어요.

첫 번째는 규모성입니다. 일반적으로 도시는 촌락에 비해 인구 규모가 크죠. 이렇게 많은 사람들이 모여 살다 보니 다양한 직업이 존재하고 각종 서비스업이 발달합니다. 공장이 많은 산업 도시의 경우에는 다수의

홍콩 도심의 야경. 도시의 주요한 특징으로 규모성, 밀집성, 이질성을 들 수 있다.

일자리가 있어요. 두 번째는 밀집성입니다. 도시는 일반적으로 인구밀도가 높아요. 좁은 면적 안에 많은 사람들이 모여 살다 보니 집값도 비싸고요. 도시에는 촌락에 비해 높은 빌딩들이 많은 것도 그때문이에요. 세 번째는 이질성인데요, 도시에는 일자리와 학업을 위해 이주한 서로 다른 사람들이 살고 있죠. 저마다 다른 삶을 사느라 서로를 잘 몰라서 개인의 익명성이 보호되기는 해요. 하지만 주민들이 서로를 잘 아는 촌락에서만 느낄 수 있는, 이웃 간의 정이 형성되기는 쉽지 않습니다.

이러한 규모성, 밀집성, 이질성을 갖춘 도시에서는 필연적으로 도시적 생활양식이 나타나요. 주민들은 도시 특유의 환경 속에 살아가며 일정한 생활양식을 형성하죠. 먼저 대부분의 도시인들은 1차산업보다는 2차 또는 3차산업에 종사합니다. 초기 도시에서는 제조업과 같은 2차산업이 발달하지만 점차 산업구조의 고도화가 일어나면서 서비스산업과 같은 3차산업의 비중이 증가해요. 그리고 도시는 많은 사람들이 모이는 곳이기 때문에 다양한 취향과 수요가 존재하고, 그에 따라 도시 문화는 다채롭게 발전합니다. 그렇게 경제뿐만 아니라 문화적으로도 중심지 역할을 하면서 주변 지역에 영향을 미치죠.

산업화 이후 도시에 사는 사람들은 점점 늘어났어요. 전체 인구 중 도시에 사는 인구의 비율을 '도시화율'이라고 하는데, 우리가 일반적으로 선진국이라 부르는 국가들에서 높게 나타난답니다. 참고로 대한민국의 도시화율은 2023년 기준 무려 91.9퍼센트라고 해요.

발전하는 도시, 쇠퇴하는 도시

4부에서는 다양한 이유로 발전하는 도시와 쇠퇴하는 도시들에 대해 알아보았습니다. 영국의 맨체스터와 리버풀은 석탄 산업이 한창인 시절 최고 전성기를 누렸지만, 세계의 주요 에너지 자원이었던 석탄의 자리를 석유가 대체하면서 두 도시는 함께 쇠퇴하게 되었죠. 이와 비슷하게 일본을 대표하는 도시 도쿄는 자동차, 전자 산업이 전 세계적으로 호황을 누리던 시기 일본의 경제성장과 함께 폭발적으로 성장했습니다. 하지만 지식과 정보가 최고의 가치를 갖는 제3차 산업혁명이 시작되면서 도쿄는 '일본의 잃어버린 30년'과 함께 불황을 겪었어요.

반면 미국 시애틀은 정보화 시대를 맞아 일어나는 전 세계적 변화의 흐름에 올라타 순조롭게 성장 중입니다. 세계 최대의 IT 기업 마이크로소프트가 들어오면서 미국 북서부 해안가의 작은 도시였던 시애틀은 제2의 실리콘밸리로 불리며 아마존, 구글과 같은 '빅테크' 기업들이 몰려드는 지역으로 변화했어요.

다음으로 중국 남부의 작은 도시 홍콩은 세계의 산업과 금융이 하나로 연결되는 세계화 시대의 흐름 속에서 '아시아의 네 마리 용' 중 하나로 성장했는데요, 1997년 영국

전성기가 지나고 난 뒤의 리버풀.

에서 중국으로 편입된 초기 홍콩은 중국의 고도성장과 맞물려 지속적으로 성장했지만, 미국과 중국 사이의 무역 갈등, 팬데믹으로 인한 강력한 봉쇄 정책, 그리고 홍콩 보안법으로 대표되는 중국의 내정 간섭 등으로 이제는 내리막길을 걷고 있습니다.

이처럼 도시는 전 세계의 산업 발달 주기에 맞춰 발전하기도 하고 쇠퇴하기도 합니다. 러시아 경제학자 니콜라이 콘드라티예프는 다양한 경제 이론과 지표, 구체적인 역사적 사실을 참고해 세계경제의 주기가 약 50년의 기간을 두고 반복된다는 사실을 밝혀냈죠. 이 50년 주기의 '콘드라티예프 파동'은 오스트리아 출신의 미국 경제학자 조지프 슘페터에 의해 보다 구체화됩니다. 그는 경제순환의 근본 원인이 새로운 기술혁신이며 그러한 혁신이 광범위하게 전파되면서 경제와 사회를 새로운 모습으로 변화시킨

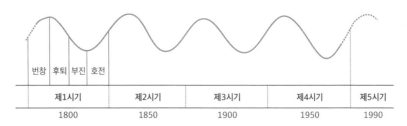
콘드라티예프 파동.

다고 주장했어요. 콘트라티예프 파동에 따르면 세계경제에는 지금까지 아래와 같은 다섯 번의 커다란 파동이 있었습니다.

- 제1시기(1780~1849): 제1차 산업혁명, 초기 기계화 시대, 증기기관
- 제2시기(1849~1890): 제2차 산업혁명, 기차, 증기선
- 제3시기(1890~1940): 전기공학, 중화학공업
- 제4시기(1940~1990): 자동화, 집적회로, 핵에너지, 컴퓨터, 자동차
- 제5시기(1990 ~ 현재): 정보화혁명, 정보통신기술

이 내용을 우리가 살펴본 도시들의 사례에 적용해 볼까요? 맨체스터와 리버풀은 1차,

2차 파동 시기에 발달했다가 4차 파동 이후 점점 쇠퇴했습니다. 일본 도쿄의 경우는 4차 파동 시기에 급격하게 발전했지만 5차 파동 시기를 적응하지 못하고 쇠퇴했고요. 반면 시애틀의 경우 서두에 밝혔듯이 정보화 혁명의 흐름을 잘 타고 5차 파동 시기에 발전했습니다.

1920년대 미국의 성장을 이끈 건 자동차 산업이었어요. '자동차의 왕'이라 불리는 헨리 포드의 포드를 비롯해 GM과 같은 미국의 자동차 기업들은 오대호 연안의 공업 도시 디트로이트에 밀집했습니다. 당시 디트로이트는 미국에서 가장 산업이 발달한 도시이자 '자동차의 도시'라는 뜻의 '모타운 MoTown'이라 불렸죠. 하지만 1970년대 이후 일본, 대한민국 같은 신흥 공업국의 등장으로 미국의 자동차 산업은 쇠락의 길을 걷

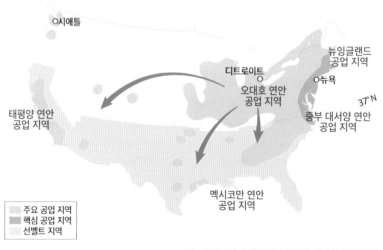

러스트벨트에서 선벨트로 이동한 미국의 산업 중심.

게 됩니다. 그 결과 오대호 연안의 공업지역은 녹슨 지역이라는 뜻의 '러스트벨트'로 전락하고 말았어요. 반면 같은 시기에 샌프란시스코, 오클랜드, 산호세 등 남서부 도시들에서 컴퓨터 산업이 발달하며 미국 산업의 중심지가 오대호 연안에서 태평양 연안으로 옮겨 갔어요. 오대호 연안 공업 지역에 비해 따뜻하고 화창한 기후 때문에 이곳을 '선벨트'라 부릅니다.

물론 실제 경제 시스템과 그에 따른 도시의 발달은 콘드라티예프 파동과 달리 매우 복잡합니다. 수많은 요소들이 얽혀 일어나는 경제적 현상들을 단순화하기 매우 어렵고 변화의 주기도 50년으로 단정 지을 수 없죠. 하지만 콘드라티예프 파동 곡선을 통해서, 기술의 혁신이 새로운 흐름을 만들어 냈고 그러한 혁신이 도시의 발전과 쇠퇴에 영향을 미쳤다는 것을 눈으로 확인할 수 있다는 점에서 의미가 있답니다.

도시가 변화하는 다양한 요인

도시는 국가의 발전 전략에 의해서도 발전해요. 대표적인 예가 1970년대부터 시작되었던 우리나라의 국토종합계획입니다. 우리나라는 제1차 국토개발계획을 통해 서울과 부산을 잇는 '경부축' 위주의 개발을 진행했어요. 자연스럽게 경부축에 위치한 도시들 위주로 발전이 이루어졌죠. 또한 정부는 중화학공업을 육성하기 위해 주로 남동부 해안가에 위치한 도시들을 공업도시로 집중 육성했어요. 그 결과 현재 우리나라의 대표적인 중화학 공업 도시 울산이 탄생했습니다. 자동차, 조선, 석유화학, 정유, 제철 산업 등 대한민국 중화학공업 대다수 분야의 공장이 들어서면서 울산은 자연스럽게 우리나라에서 GDP가 가장 높은 도시가 되었습니다. 이와 비슷한 사례로 중국은 덩샤오핑의 개방정책 이후 남동부 해안가 도시들을 집중 개발하였고 외국 기업들의 자본을 유치했어요. 그 결과 중국의 상하이, 선전과 같은 도시들은 급속한 발전을 이루었죠.

이러한 발전 전략을 '거점 개발 방식'이라고 합니다. 특정한 도시 혹은 지역을 정하고 그곳을 집중적으로 발전시키는 전략이죠. 컵에 물을 계속 부으면 물이 넘치면서 주변으로 퍼지듯이 한 지역을 집중적으로 발전시키면 그 발전의 혜택이 다른 지역으로도 전파된다는 '파급 효과'를 근거로 두고 있습니다. 대한민국과 중국뿐만 아니라 대다수 개발도상국들이 이런 방식으로 경제 발전을 이루었어요. 거점 개발 방식은 특정 도시 위주로 자본을 투입해 효율적인 발전이 가능하다는 장점이 있지만, 결국 거점 이외 지역은 발전에 한계가 있고 오히려 인구가 유출되어 국토 불균형이 초래될 수 있다는 단점도 있습니다.

그와 같은 불균형을 해결하기 위해서 국토 균형 발전 전략을 수립하기도 합니다. 정부는 공공기관, 대학교, 연구소를 지방으로 이전하거나, 기업에게 세금 절감을 비롯한 다양한 혜택을 제공하여 지방으로 이전하도록 유도하기도 해요. 대한민국의 경우 수도권의 과도한 인구 밀집과 그에 따른 국토 불균형을 해소하기 위해 수도권을 제외한 전국에 혁신도시를 건설하고 이곳으로 공기업을 이전하는 정책을 수립했습니다. 이처럼 공기업과 같은 좋은 일자리는 그 자체로 인구 유입의 동력이 될 뿐만 아니라, 기업, 대학, 연구기관 등이 서로 가까운 곳에 모여 있으면서 긍정적인 영향을 주고받아요. 이를 집적 이익이라고 합니다.

집적 이익의 가장 대표적 사례가 바로 미국 캘리포니아에 위치한 실리콘밸리예요. 실리콘밸리에서는 기업, 대학교, 연구소가 가까운 곳에 모여 있으면서 경쟁과 협력이 동시에 이루어져요. 대학교에서 연구하던 학생들은 자신들의 아이디어를 근처 기업 담당자들 앞에서 시연하고, 만약 기업들이 학생들의 제품에 매력을 느낀다면 이들과 계약함으로써 새로운 기술과 아이디어를 얻는 거죠. 실리콘밸리에 위치한 기업 내에서도 이러한 경쟁과 협력이 이루어집니다. 기업 내 다수 존재하고 있는 랩lab에서는 혁신적인 분위기 속에서 연구와 개발이 이루어지고, 이직이나 분사 창업 또한 실리콘밸리 내에서 비교적 자유롭게 이어집니다. 실리콘밸리의 이러한 혁신적이면서 자유로운 분위기는 이곳을 세계 IT 산업의 메카로 만들었고, 구글, 메타, 애플과 같은 세계적인 IT 기업의 본사가 모두 실리콘밸리에 있는 이유예요.

도시의 발전과 쇠퇴는 교통의 변화와도 관련이 있어요. 과거 조선 시대에는 물자를 주로 배로 운반하였기 때문에 수운 교통이 발

동종 업계 기업과 기관들이 밀집해 있는 실리콘밸리.

달한 도시가 성장했습니다. 충청남도 강경이 대표적이죠. 그러나 서울과 부산을 연결하는 경부선 철도가 대전을 지나가며 강경은 급격히 쇠퇴하게 됩니다. 커다란 들판이라는 뜻을 지닌 대전은 금세 충청도의 중심지로 거듭났죠. 또한 대항해시대에 발달하였던 포르투갈과 스페인의 전성기가 끝나게 된 것도 교통의 변화, 발달에 따른 결과로 풀이해 볼 수 있습니다. 교통이 발달하면서 시공간의 거리는 압축되었고, 그로 인해 본국과 멀리 떨어진 곳에 저렴한 지가와 노동력을 활용한 공장을 설립하는 경우도 폭발적으로 증가했어요. 그렇게 다국적기업의 대규모 공장이 들어선 도시들은 급속도로 성장하게 되었고요. 이러한 발전 방식에는 도시에 대기업의 자본이 유입되고 일자

리가 생기는 장점이 있지만, 기업의 핵심 기술은 잘 전수되지 않고, 장기적으로 오히려 해당 국가의 기술 발전을 저해할 수도 있다는 문제점도 있습니다.

도시의 미래

도시는 문명이 발생한 이후 끊임없이 변화하며 발전하였습니다. 도시로 많은 사람들이 모여들면서 다채로운 문화를 만들었고, 때로는 그 다양성으로 인해 갈등이 발생하기도 했습니다. 도시의 발달은 산업의 발달과 함께했어요. 특정 산업이 발달 혹은 쇠퇴함에 따라 도시의 운명도 바뀌었죠. 도시도

녹지와 강, 삶의 질을 고려해 설계된 브라질의 생태 도시, 쿠리치바.

2005년 복원 사업을 마친 서울 도심의 청계천.

시간이 지나면 사람처럼 나이가 듭니다. 과거 도시의 중심 지역이었던 도심은 점점 낙후되고, 교외화 현상으로 사람이 많이 살지 않게 돼요. 하지만 동시에 도심은 재개발되면서 또 다른 멋진 공간으로 탈바꿈하기도 합니다. 이를 도시 재생, 혹은 젠트리피케이션이라고 하죠. 앞에서도 보았듯이 젠트리피케이션은 가파른 지가 상승으로 기존의 주민들을 주변으로 밀려나게 한다는 문제점도 갖고 있지만요.

빌딩과 아스팔트로 뒤덮여 있던 도시의 이미지는 조금씩 변화하고 있어요. 사람들은 현대화된 도시를 선호하면서도 또한 자연의 푸르름을 그리워하기 때문에 청계천이나 양재천 복원 사업처럼 과거 하천을 복원함으로써 시민들이 도시 속에서 자연을 느낄 수 있도록 했죠. 아예 도시 전체를 생태적 관점으로 설계하고 개발한 브라질의 생태도시 쿠리치바의 사례도 있습니다. 어쩌면 도시는 자연과 가장 먼 형태의 공간이지만, 도시에 살고 있는 인간은 그 속에서도 자연을 추구한다고 볼 수 있죠.

오늘날 전 세계 인구의 절반 이상이 도시에 살고 있고, 우리나라를 비롯한 대부분의 선진국의 경우는 90퍼센트가 훌쩍 넘는 인구가 도시에 살고 있습니다. 도시의 미래는 어떻게 될까요? 결국 그 방향은 도시라는 공간에 살고 있는 우리 스스로가 만들어 가야 할 거예요.

도판 출처

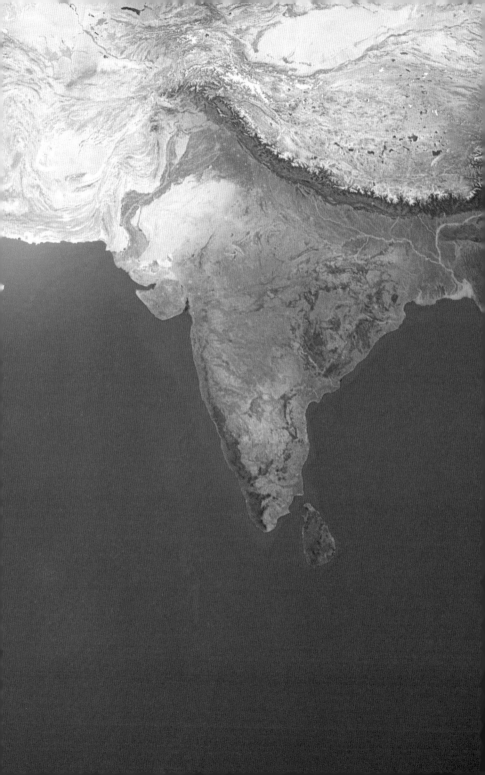

북트리거 일반 도서

북트리거 청소년 도서

하마터면 지리도 모르고 세계여행할 뻔했다

Z세대 예비 배낭여행객을 위한 세계 도시 인문지리 이야기

1판 1쇄 발행일 2024년 9월 25일

지은이 강이석
펴낸이 권준구 | 펴낸곳 (주)지학사
편집장 김지영 | 편집 공승현 명준성 원동민
책임편집 명준성 | 디자인 정은경디자인
마케팅 송성만 손정빈 윤술옥 | 제작 김현정 이진형 강석준 오지형
등록 2017년 2월 9일(제2017-000034호) | 주소 서울시 마포구 신촌로6길 5
전화 02.330.5265 | 팩스 02.3141.4488 | 이메일 booktrigger@naver.com
홈페이지 www.jihak.co.kr | 포스트 post.naver.com/booktrigger
페이스북 www.facebook.com/booktrigger | 인스타그램 @booktrigger

ISBN 979-11-93378-28-1 43980

북트리거

트리거(trigger)는 '방아쇠, 계기, 유인, 자극'을 뜻합니다.
북트리거는 나와 사물, 이웃과 세상을 바라보는 시선에 신선한 자극을 주는 책을 펴냅니다.